国家出版基金项目
NATIONAL PUBLICATION FOUNDATION

徽商·徽州·族谱——明清家训研究

明清族谱之家训研究

MINGQING ZUPU ZHI JIAXUN YANJIU

李俊杰◎著

安徽师范大学出版社
ANHUI NORMAL UNIVERSITY PRESS
·芜湖·

图书在版编目(CIP)数据

明清族谱之家训研究 / 李俊杰著 .— 芜湖：安徽师范大学出版社，2020.10
（徽商·徽州·族谱：明清家训研究）
ISBN 978-7-5676-4242-3

Ⅰ.①明… Ⅱ.①李… Ⅲ.①家庭道德－研究－中国－明清时代 Ⅳ.①B823.1

中国版本图书馆CIP数据核字(2019)第214795号

徽商·徽州·族谱——明清家训研究

明清族谱之家训研究 李俊杰◎著

总 策 划：张奇才 执行策划：蒋 璐 何章艳
责任编辑：蒋 璐 责任校对：何章艳
装帧设计：张 玲 责任印制：桑国磊
出版发行：安徽师范大学出版社
芜湖市九华南路189号安徽师范大学花津校区
网 址：http://www.ahnupress.com/
发 行 部：0553-3883578 5910327 5910310(传真)
印 刷：浙江新华数码印务有限公司
版 次：2020年10月第1版
印 次：2020年10月第1次印刷
规 格：700 mm × 1000 mm 1/16
印 张：15.25
字 数：232千字
书 号：ISBN 978-7-5676-4242-3
定 价：75.00元

自 序

中华优秀传统文化资源，已经被定位为“不可多得的资源”。“优秀传统文化是一个国家、一个民族传承和发展的根本，如果丢掉了，就割断了精神命脉。”这是习近平总书记对中华优秀传统文化资源的正确定位和重要性的重要论述。而本书把明清族谱之家训族规作为“不可多得的资源”，进行收集整理研究，且通过收集整理明清族谱之家训族规，使优良家风得以传承和发展，使更多的人关注家庭、家教、家风，让更多的人认识到家庭、家教、家风建设的重要性，让优秀家风得到传承发展。

梁启超曾说：“欲考族制组织法，欲考各时代、各地方婚姻平均年龄、平均寿数，欲考父母两系遗传，欲考男女产生比例，欲考出生率与死亡率比较等等无数问题，恐除族谱家谱外，更无他途可以得资料。”但是欲考传统的家庭教育方式和伦理道德，欲考传统的思想方式和行为方式等问题，恐除族谱之家训族规外，没有更好的其他资料了。本书就是通过研究明清族谱之家训族规，欲窥探当时人们的家庭教育方式和伦理道德，吸取其精华，为新时代家庭教育提供借鉴。

在世界文化多元化背景下，文化交流更加频繁，更需要筑牢中华文化之基，更需要继承和弘扬中华优秀传统文化，为社会主义核心价值观提供滋养，以引领社会风尚，增强文化软实力。而中华优秀传统文化是中华民族的基因，植根在中国人的内心，潜移默化影响着中国人的思想方式和行为方式。本书将明清族谱之家训族规与新时代相融合，使之创造性转化和创新性发展，把具有新时代价值的思想方式和行为方式弘扬起来，以引领社会风尚。

本书通过收集整理明清族谱之家训族规的主要内容，构建明清族谱之家训族规的资料库，目的是期望学者继续挖掘和收集明清族谱之家训族规，不断丰富其资源库内容，为后人对明清家训族规的研究和传承奠定基础。当然，本书在挖掘和收集明清族谱之家训族规内容上，一方面得益于一些图书馆公开了族谱的网上资源，为挖掘收集明清族谱之家训族规提供了便利条件；另一方面得益于一些学者将收集整理的家训族规编辑成册，为吸取明清家训族规内容提供了丰富的资料，在此一并感谢。

当然，本书不可否认吸取了前人研究的成果，关键是在吸取前人研究成果的基础上，创造性继承，创新性发展，提出一些自己独到的见解，为推动明清族谱之家训族规研究，为实施中华优秀传统文化传承工程奠定了基础。

由于本人知识有限，阅历有限，一些观点可能存在偏颇，一些内容可能存在这样或那样的问题，希望专家学者多多指正，不足之处多多批评，这样才能更好地开展下一步研究。

李俊杰

2019年8月2日

前　言

家训族规是中华传统文化的重要组成部分，吸取精华，剔除糟粕，以更好地继承和弘扬中华优秀传统文化，是新时代每个中华儿女义不容辞的责任。在中国几千年的发展过程中，家是社会最基本的固定单位，一些有责任感的家长或族长，无不设法将其毕生积累的丰富经验和社会阅历传给后人，以期望本家族血脉的永续发展。这也是中华文明生生不息，没有中断的一个重要原因。而明清时期一些怀揣“梦想”的人士，把自己毕生积累的经验和阅历以家训族规的形式载入家谱，期望子孙能够继承前辈遗志，把握现实，洞悉未来，以取得更大成就，荣耀家族。明正德八年（1513），安徽《休宁西门汪氏族谱·高齐府君家训》载：

吾知四子所不为吾累者，虽不能取功名富贵以荣其亲，而皆能勤于生理，随分有成，亦粗足以慰吾心。而吾心之所望者，更命兄弟怡怡，起相爱敬心，不萌忌恨心。见彼之子犹视己子，虽然异家而犹视一家。兄弟中有稍遂意事，则更相称是；有所行未是事，则力相规正。有患难则相救恤，有疾病则相扶持，共立门户不为外侮。而又皆能教戒其子，事父母至孝，侍长幼有礼，毋为赌博，毋为游戏，亲近好人，不习下流，孜孜为学，期取科第以荣其亲。性弗明者，使之治生理，以裨其家。而后无负于平生所望之意云。[1]

① 汪尚和等:《休宁西门汪氏族谱》卷一，明嘉靖年间刊本，安徽休宁。

清康熙五十四年（1715），《娄关蒋氏本支录右编·紫峰公家训》载：

凡我子孙，立志先要光明，存心须归忠厚，继书香勿替科名，守清白勉为忠孝，仕宦当思报效朝廷，家居惟求克守先业。无认迂腐为读书，无事滥交为声气，无恃刻薄为精明，无习奢靡为体面。不可信宵小而疏骨肉，不可趋势利而慢亲朋。近正人远邪狎，戒嬉游勤职业，临事贵端详，处事宜谦退，时时念稼穑艰难，事事遵祖宗懿训，庶几立身行己之道，光前裕后之模，不外是矣。①

由上可知：明清时期家训族规蕴含着祖辈对晚辈的殷切期望，体现着祖辈对家庭、家族的责任感，也是祖辈对子孙后代成长成才的谆谆教导。这对目前我国大力提倡的继承和弘扬中华优秀传统文化，重视家庭、家教、家风建设，具有很强的借鉴意义。

明清时期人们把大量的家训族规刊入族谱当中，一方面，大大提升家训族规对子孙后代的影响力和控制力；另一方面，使家训族规融入人们的日常生活当中，使家长对子孙的教育日常化、生活化，以达到家训族规对子孙后代教育效果的最大化。

清光绪二十三年（1897），安徽《绩溪东关冯氏家谱·祖训》载：

《祖训》十条，颁发各派祖屋实贴。每年祭祖后，即在祖屋，择晓文义者宣读一过，讲解一遍，各宜诚心恭听。回家而后，父各以此教子，兄以此教弟，夫各以此教妇。反复开导，时时检点，务须事事遵行，尽除前非，尽改恶习。同族之中，有过相规，有善相劝，不可自暴自弃，视为具文。②

明清时期的家训族规是对此前家训族规的继承和发展，把“圣谕”融

① 蒋德骅：《娄关蒋氏本支录右编》卷首，清光绪三十一年刊本，江苏吴县。

② 冯景坡等：《绩溪东关冯氏家谱》卷首，清光绪二十三年木活字本，安徽绩溪。

入族谱中，且内容不断得到丰富和发展。明万历二十二年（1594），山西代县《代州冯氏族谱》之家训所分项目多达九十六项，计有：

容忍、忍辱、责己、附势、内重、审命、贾祸、谨言、矜己、夸大、忘仁、远害、知足、烛物、力行、克己、安命、饬身、自检、绝累、勤励、知命、慎与、节操、慎言、自养、审处、安分、自裕、善处、恢量、寡欲、立志、法言、家传、睦族、念亲、追远、吊问、至亲、尊卑、勿僭、不至、气节、公非、勿附、课程、多静、交游、宴会、力行、取怨、知过、诚信、孩心、机械、平易、田足、居容、仆用、服饰、葛裘、非礼、饮戒、寡言、官长、毋议、闺门、戒讼、解冤、无友、隐恶、勿怒、勿急、酌力、规正、细言、宜察、宁迟、宜断、慎同、让人、施予、因小、闲劳、得失、觉先、势利、强御、微贱、受人、信爽、群处、作事、趋时、识力。①

明万历四十年（1612），江苏海安《虎墩崔氏族谱》将“宣圣谕”列为“族约”要项之一：

圣谕曰：孝顺父母，尊敬长上，和睦乡里，教训子孙，各安生理，毋作非为。此六事乃太祖高皇帝曲尽做人的道理，件件当遵守，能遵守的便是好人，有一件不曾遵守便是恶人。愿我一族长幼会集祠中，敬听宣读，悉心向善，皆做好人，有过即改，其为盛世良民，贻子孙无穷福泽。②

可见，圣谕在基层的大力宣传使得圣谕所蕴含的儒家思想与道德观念逐渐被老百姓所熟知、认可和采纳，并作为规范子孙的重要依据，成为明清家训族规中的重要内容和做人做事的重要准则。在圣谕的影响和统治者

① 冯曦等:《代州冯氏族谱》卷二，民国二十二年铅印本，山西代县。

② 崔三锡等:《虎墩崔氏族谱》卷一，明万历四十年刻本，江苏海安。

的大力提倡下，明清家训族规也得到了大力发展。

明清家训族规的内容注重“德治”与“法治”并用，教育子孙，立德树人。道德和法律是调节人们思想行为的两个重要手段，德治和法治好比鸟的两翼，缺一不可，而明清家训族规正是德治和法治的缩影，共同维持着封建家族的延续和发展，要求子孙在加强修身的同时，必须“畏王法”。

清光绪三年（1877），安徽绩溪《梁安高氏宗谱》“畏王法”条载：

> 无王法，则天下乱。苟平日不畏王法，恐一旦犯法而不自知。及遭刑戮，悔之晚矣，此君子所以怀刑也。故为绅、为士、为民，皆当畏法。①

清光绪十五年（1889），安徽《绩溪县南关许氏惇叙堂宗谱》载“奉公守法”条款：

> 奉公守法：且每岁该办钱粮差役等项，必须及时依期，完纳应当，毋致官司责辱。或有重大之侵寻而家力之不堪者，所当陈诉蠲豁，不可恃顽推挨。或有家道优裕，田产增进，税粮亦多，粮里解户，有所不免，亦须安分承充，不可推避，靠损他人，射利肥己，不知利未得而害已随之，但守本分。所谓欺公日日忧者，庶可免矣。②

但是，应当认识到，明清族谱中的家训族规是中国家训族规的重要组成部分，具有时代性特征，是当时社会现实的反映。明清族谱中的家训族规也是中华传统文化的重要组成部分，是构建中华优秀传统文化资料库不可缺少的内容，必须正确地对待，以更好地创造性转化和创新性发展家训族规蕴含的优秀传统文化，以繁荣我国哲学社会科学，为弘扬和践行社会主义核心价值观提供滋养。

---

① 高美佩等:《梁安高氏宗谱》卷十一，清光绪三年木活字本，安徽绩溪。

② 许文源等:《绩溪县南关许氏惇叙堂宗谱》卷八，清光绪十五年惇叙堂木活字本，安徽绩溪。

目　录

第一章　绪　论 ……………………………………………………………001

一、家训族规发展脉络 ……………………………………………001

二、家训与族规关系 ………………………………………………006

第二章　明清家训族规概况 ………………………………………009

一、明清家训族规融入族谱 ……………………………………009

二、明清家训族规体例上逐渐向条文化、制度化方向发展 ……010

三、明清家训族规内容上呈现动态性和传承性 ………………012

第三章　明清家训族规主要特征 …………………………………024

一、明清家训族规的基本原则 …………………………………024

二、明清家训族规法律化、制度化 ……………………………032

三、明清家训族规消除纷争的途径 ……………………………044

第四章　明清家训族规个人规范 …………………………………050

第一节　修　身 ……………………………………………………050

一、端心术 …………………………………………………………054

二、崇正学 …………………………………………………………056

三、读书 ……………………………………………………………057

四、立定志向 ………………………………………………………059

第二节　处　事……060
一、安命守分……062
二、谨言慎行……064
三、宽厚、谦退与忍让……068
四、肃闺门，重婚姻……076
五、戒诉讼……078
第三节　戒慎之规……080
一、戒吃喝嫖赌毒等恶习……081
二、有关娱乐与休闲活动的限制……097
第四节　有关鼓励子孙学习的规定……104
一、明清家训族规非常重视子孙读书……104
二、"端蒙养"理念深入民心……109
三、择师重教的风气得到发扬……111
四、读书的关键是尚德、崇礼……112
附录一：明朝族谱规训……115
附录二：清朝族谱规训……128
参考书目……236

第一章　绪　论

一、家训族规发展脉络

家是人类历史发展的产物。至于家何时产生，没有确切的年代。而家训族规则是伴随着家的产生而逐步产生发展的，特别是随着婚姻制度的发展而产生发展的。“有了家庭就有家训”[①]，“家训是随着家庭的产生而出现的一种教育形式……有了家，就有对子女、对家庭成员教育的问题”[②]。这也就是说，伴随着家庭的产生，家训就产生了。但这只不过是一种理论的推测，并没有充分的证据证明。根据许慎《说文解字》的解释，“家”是个象形会意字，上面是“宀”，表示与房室有关，最早的房子是用来祭祀祖先或家族开会。下面是“豕”，即野猪，野猪是比老虎、熊还危险的动物。野猪也是非常难得的祭品，所以最隆重的祭祀是用野猪祭祀。家的本义就是人的居室。顾野王《玉篇》载：“家，人所居，通曰家。”这里讲的人首先是夫妇，家是夫妇共同居住的屋室[③]。从这可以了解到，家的产生需要具备三个条件：首先，人类婚姻关系发展到一定的阶段，这是家产生的客观条件；其次，人们主观意识到家或家庭产生的需要，这是家产生的主观条件；最后，家统一于社会生产实践。在人们劳动实践过程当中，

---

① 邵龙宝：《中国古代家训的源流、精义及其当代转换的方法论》，《兰州学刊》2015年第5期。

② 徐少锦，陈延斌：《中国家训史》，陕西人民出版社2003年版，第1—2页。

③ 徐少锦，陈延斌：《中国家训史》，陕西人民出版社2003年版，第37页。

家或家庭产生了，劳动是家或家庭产生的历史前提。在古人劳动或生产实践过程中，特别是在婚姻和祭祀过程中有各种各样的家庭训诫，这些对族人以及子女的训诫就是早期的家训族规。可以说，家训族规是在人类社会生产实践过程中产生的，并随着历史的发展而不断发展。如据说伏羲在生产实践中逐步认识到了群婚制的危害性，而制定了嫁娶制度，实行男女对偶制婚姻，用鹿皮为聘礼，并以所养动物为姓，或以植物、居所、官职为姓，以防止乱婚和近亲结婚，中华姓氏自此起源，并绵延至今。伏羲还规定同姓同族禁止结婚，这可以说是我国最早的家训族规，也说明我国家训族规开始萌芽。

那到底什么是家训呢？有的学者认为：家训“主要是指父祖对子孙、家长对家人、族长对族人的直接训示、亲自教诲，也包括兄长对弟妹的劝勉，夫妻之间的嘱托”[①]。有的学者认为：家训“就是中国古人进行家教的各种文字记录，包括诗歌、散文、格言、书信等”[②]。学者对家训的定义虽然不完全一样，但基本内容是一致的。家训，从主体来看，须是家长或兄长以及族长等有资格进行训导的人；从客体来看，须是晚辈或兄弟等被训导的对象。而家训的内容则随着社会的发展而不断丰富和完善，具有时代性特征，是当时社会现象的反映。综上所述，家训就是有资格进行训导的人，主要是家长、族长、兄长等，在生产或社会生活中对晚辈等被训导者进行训诫、劝勉的语言或有关文字记录。

中国目前有史料可查的最早家训是周文王家训，清华简中的《保训》，清楚地记载了周文王家训的一部分内容。另外，周文王家训还见之于《尚书》中的《康诰》《酒诰》《梓材》《多士》《无逸》等篇，《逸周书》中也有周文王家训的内容。周文王家训开创了中国传统家训的先河，开创了帝王家训与仕宦家训的先河，在中国家训史上具有重要的地位。

家训起源于人们的生产和生活实际。随着人们社会生产实践的不断丰

① 徐少锦，陈延斌：《中国家训史》，陕西人民出版社2003年版，第1页。

② 陈君慧：《中华家训大全》，北方文艺出版社2014年版，第1页。

富和发展，家训也在不断地丰富和发展。从现在掌握的资料看，中国古代的家训，萌芽于五帝时代，产生于西周，成型于两汉，成熟于隋唐，繁荣于宋元，明清达到鼎盛并走向衰落。

有史料可查的家训最早上溯至先秦。到两汉时，家教、家训、家学、家风等基本概念形成，统治者推行“孝廉”，使“三纲五常、忠孝贞洁、三从四德”成为当时的主流思想。这一时期，合财共居的大家庭出现，并逐步增多，出现了以经学入仕、累世高官的世家大族，即士族。刘邦《手敕太子》、东方朔《诫子》、马援《戒兄子严、敦书》、郑玄《戒子益恩书》等均为当时家训名篇，并产生了专门的女训专著《女诫》。魏晋南北朝时期，遭逢乱世的士大夫曾带动撰写家训、家诫的风气。例如：王肃的《家诫》、嵇康的《家诫》、诸葛亮的《诫子书》、王僧虔的《诫子书》、颜延之的《庭诰》，另有敦煌写本《太公家教》刊行。此类著作不胜枚举，但其篇幅仍小、卷帙单薄。魏晋南北朝时实行九品官人法，并明令废除父子异财别居的小家庭制度，以门第高低作为选人做官的标准，为此，大家庭便迅速发展起来。及至隋初，颜之推的《颜氏家训》以专著形式问世，第一次比较全面、系统、完整地论述了仕宦家训的目的意义、主要内容、基本原则和方法，标志着仕宦家训体系的形成。

到隋唐，中国传统家训趋于成熟，标志是家训著作已经大量出现，家风、家规也开始出现。除了标志仕宦家训体系形成的《颜氏家训》问世外，帝王家训、宰相家训相继问世，比较著名的有唐太宗的《帝范》，唐太宗对子女的教育问题非常重视，期望子女能够继承自己所学，将基业永远传下去。《帝范》一书由唐太宗亲笔撰写，成书于唐贞观二十二年（648），赐予皇太子李治。唐太宗将自己一生统治天下的经验都记录其中，希望太子能够认真领会为君之道，并做出遗训：“饬躬阐政之道，皆在其中，朕一旦不讳，更无所言。”[①]《帝范》是中国古代帝王家训集大成之作，把帝王家训推到一个新的阶段。宰相家训也是唐朝家训的重要组成部

① 陈君慧：《中华家训大全》，北方文艺出版社2013年版，第148页。

分，其中狄仁杰《家范》等为佳作。

唐朝时家训形式进一步发展。第一，家风到唐朝已经转化为门法、礼法或家规、家法，且作为国家法律的补充，有明确的成文。如唐大顺元年（890）的《陈氏家法》。该家法共三十三条，主要内容有三个方面：一是规范家族结构；二是设立负责家族内外各种事务的主事、副事、库司、庄首、勘司等管理人员；三是规定家族男女老幼的权利、义务，应守的规则和违规的处罚。第二，诗训在唐代被广泛采用。唐朝王梵志的家训诗，对后世影响比较大，如《教子》一篇："小儿读书不用心，不知书中有黄金。早知书中有黄金，高照明灯念五更。"

而宋代，充满爱国主义精神和气节的家训明显增多，且更加注重家风的传承，如包拯的清廉家风，一直受到世人的传颂。

包孝肃[①]公家训云："后世子孙仕宦，有犯赃滥者，不得放归本家；亡殁之后，不得葬于大茔之中。不从吾志，非吾子孙。"共三十七字。

其下押字又云："仰珙刊石，竖于堂屋东壁，以诏后世。"

又十四字。珙者，孝肃之子也。

宋元时期累世同居的大家庭明显增多，家族制定的家训、族规开始增多，内容更加完备详细。这是因为宋朝继承了唐代的"祖父母、父母在不准别籍异财"的法律规定，且强化了此规定，再加上宋朝大力提倡义居，导致累世同居的大家庭明显增多（见表1–1和表1–2），而这些大家庭非常注重家训族规的制定和完善，如郑氏子孙对《郑氏规范》做了多次修订，使之更加完善。

① 包拯，谥"孝肃"。

表 1-1 宋代同居共财大家庭同居世代情况[①]

同居世数	兄弟	3～5世	6～9世	10世以上	不详	总计
家庭数	11	35	34	22	43	145
被旌表家庭数	4	23	26	18	13	84
被旌表家庭所占百分比	36%	66%	76%	82%	30%	58%

表 1-2 宋代同居共财大家庭人口规模[②]

同居口数	100口以下	100～1000口	1000口以上	不详	总计
家庭数	8	45	5	87	145
被旌表家庭数	3	15	2	64	84
被旌表家庭所占百分比	38%	33%	40%	74%	58%

到了明朝，随着谱学的进步与发展，家训成为谱书中重要的部分，好的谱书必有家训。明清两代，家谱与家训一起昌盛，而且两者有合二为一的趋势[③]。

至于族规之渊源，可追溯至东汉。《三国志·魏书》载：汉末田畴率族人数百，入徐无山避难，他曾订立有关杀伤、犯盗、争讼等方面规约二十余条，以管理族人。而传于今最古老的成文族规，当推崇唐大顺元年（890）订立的《陈氏家法》。宋元时期族规形成的途径主要有两种，一种是采用传统家训的体例，并对前代的族规进行修订，以传统家训的形式出现；另一种是将对违反者予以惩罚的规定融入家训中，如司马光的《居家杂仪》实际已成族规，并成为族规的一大源头。但宋元时期，除个别宗族外，一般宗族仍很少制定族规。明清以来，随着统治者的大力支持，宗族组织得以不断强化，宗族组织不断强化的过程也是家训族规不断制度化、法律化的过程。强制性成为当时家训族规的重要特征，家训族规成为统治者权力向基层延伸的重要途径，成为统治者控制老百姓的一种强有力的手段。

① 王善军：《宋代宗族和宗族制度研究》，人民出版社2018年版，第133页。

② 王善军：《宋代宗族和宗族制度研究》，人民出版社2018年版，第133页。

③ 宋光宇：《试论明清家训所蕴含的成就评价与经济伦理》，《汉学研究》1989年第1期。

二、家训与族规关系

概略而言，家训与族规并无严格界限，皆为教导子孙及族众立身处世、持家治业的内容，只是表述方式略有不同，目的都是为了维护家族血脉的永续发展。一些学者直接把族规列入家训，也就是认为族规是家训的重要组成部分。

“家训，就是某一家庭或家族中父祖辈对子孙辈、兄辈对弟辈、夫辈对妻辈所作出的某种训示、教诫，教诫的内容既可以是教诫者自己制定的，也可以是教诫者取材于祖上的遗言和族规、族训、俗训或乡约等文献中的有关条款，或者具有劝谕性，或者具有约束性，或者两者兼具。”[①]这里家训和族规没有作出明确区分，实质上族规就是家训。其实，家训属于劝导型规范，侧重积极的勉励和教化，以教化为主，实际上就是德治。如明弘治九年（1496），浙江上虞《古虞金罍范氏宗谱·家训》强调德行相劝、事业相勉、过失相规、礼俗相接等教化的内容[②]。族规属于禁止型规范，倾向消极的制约和奖惩，以惩罚为主，实际上就是法治。如明万历五年（1577），安徽休宁《重印新安大阜吕氏宗谱·松萝家规》载：

凡平居之际，不肯说好话，行好事，而有犯圣谕中一件者，记过，量罪轻重，罚银多寡，以警戒之。[③]

另外，从分类来看，家训族规也没有严格的界限。而最早将家训作品收集成书者应为北宋刘清之，其所编的《戒子通录》，计八卷，共收录《列女传》《颜氏家训》等三百种历代家训著作，为目前最早的家训集。由

① 朱明勋:《中国家训史论稿》,巴蜀书社2008年版,第10页。

② 范德峻等:《古虞金罍范氏宗谱》卷二,清光绪十年刊本,浙江上虞。

③ 吕仕道编修,吕龙光重刊:《重印新安大阜吕氏宗谱》卷五,明万历五年修,民国二十四年刻本,安徽休宁。

于这类文献有诸多异名别称，历来学界对其的分类和定义也不尽相同。但大致分为三类：一是子部杂家类。如明朝杨士奇所编《文渊阁书目》、明朝钱溥所编《秘阁书目》以及明叶盛所编《菉竹堂书目》将家训类著作列入子部杂家类，这一类的作者主要是明朝官宦人士。二是经部小学类。如明朝祁承㸁所编《澹生堂藏书目》以及《明史·艺文志》将家训类著作列入经部小学类，这一类的作者主要是明清图书馆学家。三是子部儒学类。如上海图书馆编的《中国丛书综录》将家训列入子部儒学类，并收入了家规庭训，还将《五经孝语》《宗传图考》《全孝图说》《孝字释》《全孝心法》《诵经威仪》《曾子孝实附录》与《孝经汇目》列入书目之中。这充分说明家训族规在分类上也没有严格的界限。

从族规的定义来看，族规与家训也没有严格的界限。刘王惠箴认为：族规一词是指任何形式上的教导、训诫、规则、约定，或在一个族谱中可以找到的明白规定族员行为的类似的句子。并云：类似典、范、规、训的名词在家谱中以十六种不同的方式出现。刘广明认为：族规在内容上主要有两种，一种是乡约、家法、家规等制度性规定，另一种则是家训、家范等伦理训诫[①]。根据常建华的分析，族规大致有五类：一是义庄规条，二是族学的章程，三是祠堂权力的祠规，四是对族人行为的禁戒，五是对族人行为劝说的训语，而这五类之间常常兼而有之[②]。徐梓则认定：有关赈救宗族族人的资料，如义庄规条等；有关教化宗族族人的资料，如家训、家范等；有关统制宗族族人的资料，如家规、宗约等；有关宗族祭祀祠堂的资料，如祭法、祠规等，皆可视为族规家范[③]。而本书研究的族规，包括家法、家规、祠规、祖法等，只要是族谱上蕴含的训诫内容，对子孙具有惩罚作用的规范等，都称为族规。

如前所述，家训与族规的发展具有一脉相承的关系。不但关切的主题雷同，且明清部分族谱之中，家训与族规往往同时并呈，有的家训列有族

① 刘广明：《宗法中国》，三联书店上海分店1993年版，第83页。

② 常建华：《宗族志》，上海人民出版社1998年版，第430页。

③ 徐梓：《中国文化通志·家范志》，上海人民出版社1998版，第144页。

规内容，有的族规列有家训内容，家训与族规相互交织，还有的族规仅载录劝谕、建言。但为了研究需要，本书仅对明清族谱中的家训族规进行探讨，至于家训专著本书暂不涉及。

第二章 明清家训族规概况

一、明清家训族规融入族谱

明清时期族谱继续沿袭宋朝私人编纂的惯例，但在体例上有所不同。这是因为随着明清社会的发展，特别是商品经济的发展，一些人想打破儒家思想的禁锢，开始出现有悖于儒家思想的行为，孝亲敬长、睦亲齐家等受到了挑战。如明嘉靖四十四年（1565），《绩溪积庆坊葛氏重修族谱》载："父子、兄弟喘息呼吸之相通者，亦攘分灭情，贼伦理而不顾。此在迩且然……矧疏而百人者耶？则世系之谱亦徒焉耳矣。故谱系之后，继之以家训，又继之以家规也者，所以启迪之于先规也者，所以约束之于后。"[①]为了防范和纠正子弟的不良倾向，为了家族的永续发展，为了加强对子孙的教育，明清时期许多家族把大量家训族规刊入族谱，使对子孙的教育日常化和生活化，以强化家训族规效果。在家训族规逐渐制度化、法律化的过程中，族权不断得到强化。在"皇权不下县，县下是宗族，宗族皆自治，自治皆伦理"的情况下，家训族规用血缘捆绑"行政"权，保证了统治阶级的权力在民间的延伸，使家训族规成为国家权力在民间渗透的主要手段和工具。在族权强化的过程中，家训族规也逐渐制度化、法律化，进而推动了家训族规的迅速发展，且达到中国历史上家训族规前所未

① 葛文简：《绩溪积庆坊葛氏重修族谱》卷三，明嘉靖四十四年刻本，安徽绩溪。

有的繁荣。

二、明清家训族规体例上逐渐向条文化、制度化方向发展

为了从体例上区分明清时期的家训族规，一般把明清时期的家训族规分为四大类：条文详分项目规训、条文未详分项目规训、单篇式规训、先祖与先贤训言结集。

条文详分项目规训，就是家训族规按条文进行分类，且每条的内容指向非常明确，或者单列有标题，且每条家训族规内容围绕标题展开。如清光绪山东济宁《任城李氏族谱》载：

重教子。子弟方幼时，天性未坏，良知、良能随处发现，宜及时教导之，使其远于邪僻，近于礼仪……[①]

条文未详分项目规训，就是家训族规有明确的条文，但内容指向不太明确或没有明显的标题。如清光绪河南光山《文氏宗谱》载：

同族中有上进者，入学南北祠各帮钱十五串，不满十亩粮者，共加钱五串，乡荐南北祠各帮钱五十串……[②]

单篇式规训，就是以文章形式呈现的家训族规，内容相对比较多。如清光绪十八年（1892），江苏吴县《东汇潘氏族谱》载：

凡我子孙，存心最宜宽厚，作事须要公平，安常处素，慎始图终。奉先致享，必尽其诚。教子读书，先明乎理。兄弟同心协力，勿因谗间而致

① 李汝霖等：《任城李氏族谱》卷首，清光绪二十一年崇本堂刻本，山东济宁。

② 文维新：《文氏宗谱》，清光绪三十二年绵远堂木活字本，河南光山。

乖携。宗族一视同仁，莫以贵贱而生厚薄。尊卑循其次序，内外别以嫌疑。见危急，力为维持。遇孤寡，倍深怜恤。拂意时，还当自省。行善处，勿令人知。不如我者，慎毋轻慢。有益我者，端赖磋磨。婚嫁休竞奢华，衣食务崇节俭。念诒谋于祖父，期广大乎门闾，勉旃毋怠。①

先祖与先贤训言结集，就是把先祖或先贤具有劝导性的训言结集在一起，以达到对本族子孙教育的目的。如清光绪十七年（1891），江苏武进《蒋湾桥周氏续修宗谱》载：

凡为吾族之子孙者，敬父兄、慈子弟、和邻里、时祭祀，毋胥戕也、毋胥讼也、毋犯国法也、毋虐细民也，毋相攘窃奸，侵以贼身也……②

在笔者收集的明代55部族谱中共有68篇规训，其中条文详分项目规训43篇，条文未详分项目规训20篇，单篇式规训5篇，条文式规训约占总数的92.6%；清代429部族谱中共有669篇规训，其中条文详分项目规训429篇，条文未详分项目规训194篇，单篇式规训23篇，先祖与先贤训言结集23篇，条文式规训约占总数的93.1%。

由此可知，明清两代族谱的家训族规，在体例上以条文式规训为主，以单篇式规训、先祖与先贤训言结集为辅，这也充分说明，明清时期的家训族规逐渐向条文化、制度化方向发展。明清家训族规以条文式规训为主，家训族规具体化，有利于家训族规融入人们的生产生活当中，使家训族规更好地得到落实。

① 潘绍澄等:《东汇潘氏族谱》卷中，清光绪十八年承志堂刻本，江苏吴县。

② 周济棠等:《蒋湾桥周氏续修宗谱》卷一，清光绪十七年爱莲堂木活字，江苏武进。

三、明清家训族规内容上呈现动态性和传承性

（一）明清时期条文式规训内容上的异同

明朝族谱规训比较关注的是“礼”与“孝”等内容，而清代家训族规比较关注的是“孝”与“睦”等内容（见表2-1、2-2）。

表2-1　明朝族谱规训单个字出现的频率①

字	礼	孝	业	讼	睦	勤	友	祀	婚	祠
频率	50.8%	47.5%	39.0%	37.3%	33.9%	33.9%	30.5%	30.5%	25.4%	23.7%

从表2-1中可以了解到，在68篇明朝族谱规训中，单个字出现的频率从高到低分别是礼、孝、业、讼、睦、勤、友、祀、婚、祠。由此可以看出，在明朝族谱规训中，“礼”字出现的频率是最高的，达到50.8%。“礼”字出现频率比较高的原因主要是因为明朝深受理学的影响。明朝理学大量融入族谱，使得理学通俗化、大众化，理学思想渗透到老百姓的生产生活当中，而礼也随着理学融入老百姓的日常生活当中；其次是“孝”字，约占47.5%。百善孝为先，孝为德之本。中华传统文化的核心是孝，中华民族素有尊老敬老养老的传统美德，《三字经》载：“香九龄，能温席；孝于亲，所当执……首孝悌，次见闻。”《论语》说：“君子务本，本立而道生。孝悌也者，其为仁之本与？”

表2-2　清朝族谱规训单个字出现的频率②

字	孝	睦	讼	教	婚	勤	业	礼	友	祀
频率	59.5%	40.8%	35.8%	34.3%	33.8%	33.8%	32.9%	31.7%	31.0%	29.8%

从表2-2中可以了解到，在669篇清朝族谱规训中，单个字出现的频率从高到低分别是孝、睦、讼、教、婚、勤、业、礼、友、祀。“孝”字

① 指单个字在明代68篇规训中出现的频率。

② 指单个字在清代669篇规训中出现的频率。

出现的频率最高，达到59.5%。而明朝族谱规训中单个字出现频率最高的是“礼”字，在清朝族谱规训中，“礼”字仅排在第八位，这说明中国传统的“礼”文化在清朝已经开始衰微。除了“孝”，清朝更多地强调“睦”，“睦”字出现的频率达到40.8%。在清王朝统治期间，统治者始终强调和睦、团结，这在清朝民间的家谱中得到了充分体现。清顺治十五年（1658），朱兰等编的《余姚朱氏宗谱·一本堂前代宗规》强调“和宗党”①；顺治十七年（1660），许琦等编的《暨阳琴山许氏宗谱·家规八条》强调“睦乡里”②；康熙三年（1664），高泳等编纂的《侯潭高氏族谱》强调“睦宗族”③；康熙二十七年（1688），吴庆朝等编纂的《毗陵庵头吴氏宗谱·家训》谈到“和乡邻”④；宣统三年（1911），张昌定编纂的《润州开沙张氏族谱》强调“和兄弟”“睦宗族”。这充分说明“睦”是清朝族谱规训当中的重要内容。

通过分析，我们进一步了解到，“礼”与“睦”在族谱规训当中出现的位次是成反比例的。明朝在族谱规训当中过分强调“礼”，反而导致“睦”的位次降低了。而清朝由于“礼”日渐式微，“睦”在族谱规训中出现的位次反而大大提高，排到第二位，但两者的目的都是为了强调和谐。

另外，还有一个重要内容值得我们深思。“讼”这个字，在明朝族谱规训当中出现的频率排在第四位，频率为37.3%（见表2-1），而在清朝族谱规训当中排在第三位，频率为35.8%（见表2-2）。这说明明清两朝非常重视“讼”，而劝诫本族子孙禁止“诉讼”“戒讼”成为明清族谱当中一个重要内容，目的是维持家族的永续和谐发展。明嘉靖四十四年（1565），《绩溪积庆坊葛氏重修族谱·家训》载：“争讼事不可轻举妄动，讼端一兴，即须费财。苟不用钱，则贪官污吏颠倒曲直，难以取胜。胜而费财，

① 朱兰等:《余姚朱氏宗谱》卷首，清同治十二年余姚朱氏一本堂木活字本，浙江余姚。

② 许琦等:《暨阳琴山许氏宗谱》卷一，清道光二十五年旦评堂木活字刻本，浙江暨阳。

③ 高泳等:《侯潭高氏族谱》卷一，清康熙三年刻本，安徽宣城。

④ 吴庆朝等:《毗陵庵头吴氏宗谱》卷一，清光绪六年至德堂木活字本，江苏武进。

所损多矣。况遇劲敌，虽费财未必胜也。”[①]这一方面劝诫自己的子孙不要轻易诉讼；另一方面也深刻地揭露了明清时期司法领域的腐败，以至老百姓不敢轻易去“告状”，甚至有冤死不告状的理念。

在婚姻方面，明朝与清朝族谱规训不尽相同。明朝，“婚”字出现的频率是25.4%，排在第九位（见表2-1），而清朝“婚”字出现的频率是33.8%，排在第五位（见表2-2），这也从一方面说明，明朝与清朝在婚姻方面重视的程度和内容是不同的。这不能说清朝比明朝更加重视婚姻，而是说，随着社会的发展，特别是受西方思想的影响，人们的传统婚姻理念已经受到很大冲击，清朝只能通过加大家训族规的教化和惩戒力度来使人们的婚姻回到传统状态。

在婚姻内容上，明朝受到理学的影响，更加重视婚姻的礼节，清朝比较重视婚姻对象的选择，特别是对象的品德及其所在家庭的家教家风。

明洪武二十六年（1393），严登等编纂的《乌程凤林严氏家谱》强调“婚嫁之礼”[②]；宣德二年（1427），朱显宗纂的《白苧朱氏宗谱·奉先公家规》谈到“婚礼”[③]。当然，明朝也是非常重视“择婚”的，“择婚”择的是对方的家庭家教，而不是对方的“财”。如明万历十五年（1587），宁笏等纂修的《河内宁氏族谱·族约》载：

> 择婚姻。婚礼者，上以事宗庙，而下以继后世也，故君子重之。古意微，而婚礼之弊亦已甚矣。是故求婿者先富，娶妇者论财，先富犹之为无识也？论财则华人而夷俗矣。吾族之子孙遇有可嫁娶者，其婿与妇必择家世，良善有礼教者，成之。纳财馈问之仪俱许从俭，不许屑屑论财自踏流俗。[④]

---

① 葛文简：《绩溪积庆坊葛氏重修族谱》卷三，明嘉靖四十四年刻本，安徽绩溪。

② 严登等：《乌程凤林严氏家谱》卷首，清乾隆九年刻本，浙江吴兴。

③ 朱显宗：《白苧朱氏宗谱》卷二，清光绪十五年刻本，浙江海盐。

④ 宁笏等：《河内宁氏族谱》册一，明万历十五年抄本，河南沁阳。

明朝的婚姻重视另一方的“贤德”。明隆庆六年（1572），《泽富王氏宗谱·宗规》载：

族之婚姻，娶妇必择其贤，嫁女必择其德可也。①

明万历三十二年（1604），《古歙谢氏统宗志》载：

有女子聘人，不必论其贫富，但择名门与郎婿之佳者，则许之。聘礼之来，随彼丰俭，称家有无，切勿勉强，因之自累。②

而清朝族规家训在婚姻方面，不但强调婚姻对象的人品，而且非常重视对方的家风家法，目的是维护家庭的和睦。

清康熙九年（1670），安徽绩溪《曹氏宗谱·旺川曹氏家训十则》载：

慎嫁娶。胡安定曰：“嫁女必须胜吾家者，胜吾家者，则女之事人必钦必戒；娶妇必须不若吾家者，不若吾家，则妇之事舅姑必执妇道。”斯已迥异俗见，诚可仿而行之。温公又谓：“凡议婚姻，当察其婿与妇之德行若何，勿苟慕其富贵，诚以婿佳妇贤，家道之所由兴也。”目前之富贵，何足论哉！然尤当问其先世之家法，父母之素行何如。苟为积善之门，家教端肃，子女必有成立，贫富可勿计也。③

清嘉庆九年（1804），冯光岱等编纂的《中井河东冯氏宗谱》载：

婚姻，人伦之大者。凡嫁娶，贵乎及时，尤在择贤良之家，气味相似

① 王景象等：《泽富王氏宗谱》卷八，明隆庆六年刻本，安徽歙县。

② 谢廷谅等：《古歙谢氏统宗志》卷六，明万历三十二年刻本，安徽歙县。

③ 作者不详：《曹氏宗谱》卷一，民国十六年刻本，安徽绩溪。

者。不可苟慕一时之声势货利，婚合匪人，以贻门阀辱也。①

（二）明清时期单篇式规训内容分析

明清族谱中也有不少载录某一父祖辈训词的单篇式规训。在明代68篇族谱规训中，有5篇单篇式规训。

明正德八年（1513），汪尚和等编纂的《休宁西门汪氏族谱·高齐府君家训》载：

吾知四子所不为吾累者，虽不能取功名富贵以荣其亲，而皆能勤于生理，随分有成，亦粗足以慰吾心。而吾心之所望者，更命兄弟怡怡，起相爱敬心，不萌忌恨心。见彼之子犹视己子，虽然异家而犹视一家。兄弟中有稍遂意事，则更相称是；有所行未是事，则力相规正。有患难则相救恤，有疾病则相扶持，共立门户不为外侮。而又皆能教戒其子，事父母至孝，侍长幼有礼，毋为赌博，毋为游戏，亲近好人，不习下流，孜孜为学，期取科第以荣其亲。性弗明者，使之治生理，以裨其家。而后无负于平生所望之意云。②

明万历四十二年（1614），《东兴缪氏润州分支宗谱·文贞公家训》载：

我京讯，想八月廿日左右到矣。科举事已不必言……此事转动，只在每科出榜后有一番愤悱，将新举人文字无论好丑，细细勘校一番。并用苦功一年，将经文另番做二三百首；连二年，做四书文一二百首。待科举年又转换一番机括，有脱去糟粕，超然远览之思，则自然中矣。……我晚年成进士，必无大富贵大功名在前，只了得公公叫我读书一念，优游清曹，料理性情。此吾今日之事，只望汝辈有一人继得科名，吾事毕矣。③

① 冯光岱等:《中井河东冯氏宗谱》卷一,清嘉庆九年木活字本,安徽祁门。

② 汪尚和等:《休宁西门汪氏族谱》卷一,明嘉靖年间刊本,安徽休宁。

③ 缪之镕等:《东兴缪氏润州分支宗谱》卷首,清宣统元年世庆堂铅印本,江苏江阴。

明万历年间，王之垣等编纂的《大槐王氏念祖约言世记·司徒公家训》载：

禁士夫说事甚严，且闻各省抚按，例有访察，各宜谨守安分，只求平安便是福。象贵、象晋，万无管人闲事累我，累我是汝等自累也。户内人亦宜听悉，各求安静为妙。如亲友有以事相托者，以实告之。既朝廷有禁例，想亦不怪也。此言，贵、晋粘之壁上自警。信我言则为孝子，不信我言，则为不孝子矣。戒之！省之！①

明朝这几篇单篇式规训大多是围绕“礼”展开的，这与其条文式规训内容相吻合，这充分说明“礼”在明朝族谱规训当中的重要地位。

在清朝669篇规训中，有23篇单篇式规训。清朝单篇式规训中，“孝”与“睦”是主要内容。清道光二十年（1840），浙江吴兴《东溪陆氏支谱·先曾祖珍和公庭训》载：

创业守成，皆非易事，而守成更难于创业。盖创业原无先人资产，如不能创，无关荣辱，若能创业，自有成见，亦不为奇。能守成者，真为能干之人，凡守成者，稍不操持，倘有失误，则为人耻笑。必要用心学守成之法，尤当看父亲做人家规模，日常动用，谨守勤俭，如遇喜庆等事，必须量入为出，思前算后，不可多用，如果有余，将来长食阔，再要经营生息，留以待后。思念祖父遗下资产，万万不可看得轻易，节俭不失，用心操持，自能恢弘广大。做人要居仁由义，据礼而行，用智立信，存好心，明伦理，行孝悌怀忠厚，习勤俭顾廉耻，守法度，防危虑患……②

清光绪三十四年（1908），《毗陵西关刘氏宗谱·漫塘先生家训》载：

---

① 王之垣等：《大槐王氏念祖约言世记》卷上，明崇祯年间刊本，山东桓台。

② 陆徵君等：《东溪陆氏支谱》卷首，清道光二十年刻本，浙江吴兴。

孝以事亲，敬以事兄，兄友弟恭，勿容间言，内外必严，出入必谨，庶身之修……①

清宣统元年（1909），危瑄璋等编纂的《南城危家山危氏宗谱》载：

爱敬君上、国课早完、善事父母、兄友弟恭、妇顺夫和、嫡庶、族谊、师友、正业、守分安命。②

从以上内容可以看出，清朝单篇式规训主要是围绕“孝”“睦”等展开的，与其条文式规训内容是一致的。当然，清朝单篇式规训内容非常丰富，“孝”与“睦”只是其主要内容的一个方面。清道光二十年（1840），浙江吴兴《东溪陆氏支谱·先曾祖珍和公庭训》不仅谈到了创业和守成的关系，还谈到了勤俭和操办红白喜事，以及如何理财，如何做人的一些道理，今天看来，仍有很强的借鉴意义。

（三）清朝先祖与先贤训言结集分析

在清朝族谱中先祖与先贤训言结集一共是23篇。

清乾隆二十九年（1764），河北《南皮张氏族谱·家训》收录：

《高祖印白公题行乐图后》《高祖母王孺人训言》《曾祖父嵎采公训言》《汤中丞墓木被伐感而成吟以戒子孙》《封君梦公训言》《母白太恭人训言》《叔父季畹公训言》。③

清乾隆三十九年（1774），浙江鄞县《三江李氏宗谱·祖训》收录：

① 刘树屏：《毗陵西关刘氏宗谱》卷一，清光绪三十四年五忠堂木活字本，江苏武进。

② 危瑄璋等：《南城危家山危氏宗谱》卷二，清宣统元年敦本堂木活字本，江西南城。

③ 张卿子等：《南皮张氏族谱》卷十，清乾隆二十九年木活字本，河北南皮。

《庄简公家训》《大兰公家训》《拙隐公家训》《叙谱琐言》《诠衡公集录闽族九我公家训》《冰壑再叔集录闽族思亭公家训》。①

清光绪十二年（1886），浙江绍兴《山阴张川胡氏宗谱·家训》收入：

履安公、卧云公、南峰公、止轩公、因斋公、湛庵公、乐闲公、越愚公、海山公等人语录。②

由先祖与先贤训言结集而成的家训，从省份来源看，主要集中在江苏、浙江、湖南、河北四个省份；从地区来看，主要集中在江苏武进与浙江绍兴；从年代来看，主要集中在清光绪中晚期。

现以清光绪十七年（1891），江苏武进《蒋湾桥周氏续修宗谱》为例说明。该宗谱节录方正学、真西山、省身录、彭石屋、詹宗华、袁氏世范、法楹、彭仲刚、古语、庄语、小学、郑氏家规、应俊、省心录、约言等训语，共十五则。其陈述方式如后：真西山曰："父母者，子之天地也。为人而慢天地，必有雷霆之诛……"省身录云："君荣而断，臣恪而忠，父严而慈，子孝而敬，兄爱而训……"彭石屋曰："教训不止言教，以身教为上，而言教亦不可废也。"③

此外，清道光二十一年（1841），浙江绍兴《重修登荣张氏族谱》除收入数篇先祖训言外，还选录了诸多先贤训语，如《朱子治家格言》《陆梭山正本制用篇》《袁氏世范》《杨椒山遗训》《朱柏庐劝言》《顾亭林日知录》《张杨园训子语》《魏叔子日录》《陆桴亭思辨录》等④。

清光绪二十四年（1898），江苏武进《古歙潭渡朱氏迁常续修支谱·

① 李惠等：《三江李氏宗谱》卷一，清道光十年木活字本，浙江鄞县。

② 胡广慈：《山阴张川胡氏宗谱》卷二十一，清光绪十二年敦睦堂木活字本，浙江绍兴。

③ 周济棠等：《蒋湾桥周氏续修宗谱》卷一，清光绪十七年爱莲堂木活字本，江苏武进。

④ 张景焘等：《重修登荣张氏族谱》卷二十至卷二十二，清道光二十一年木活字本，浙江绍兴。

家训》选录：

《文公家训》《汇集格言》《万善孝为先》《百恶淫为首》《胡铇更先生蒙养诗教》等篇章。[①]

清光绪三十一年（1905），江苏《溪北蒋氏宗谱·家训》所摘录先贤训语更多，有司马温公、魏冰叔、朱子、苏文忠公、詹君华等人语录，以及缪文贞家训魏氏日录衷言书等[②]。

清宣统三年（1911），江苏常熟《吴中叶氏家谱》则收入宋人叶梦得的《石林家训》与《石林治生家训要略》[③]。由于诸多家训族规并未载明所引训言引自何处，从前述族谱规训收入的先贤训语，可了解到：司马光《家范》、袁采《袁氏世范》、明代的义门郑氏《家规辑略》等专著，乃是清朝人心目中的家训典范。

（四）明清族谱家训族规的特点

明清族谱家训族规相较于其他家训类专著有以下几个特点：

其一，可以了解到家训族规变迁的动态性和传承性。由于族谱是具有延续发展性的文献，随着后代子孙的不断增补，有的族谱同时载录不同时代的家训族规，或者在旧的家训族规的基础上进一步补充。

例如，江苏镇江《丹徒姚氏族谱》收入了清康熙二十四年（1685）《家训》与清雍正十一年（1733）《家训》。

清康熙二十四年（1685），江苏镇江《丹徒姚氏族谱·家训》载：

重家教、笃孝友、辨尊卑、崇德行、务勤俭、恤患难、摈下流、戒博饮、父母宜孝、兄弟宜友恭、治生以耕读为本、存心以忠厚为本、立业宜

① 朱鲁堂等：《古歙潭渡朱氏迁常续修支谱》卷一，清光绪二十四年义安堂木活字本，江苏武进。

② 蒋正兴等：《溪北蒋氏宗谱》卷五，清光绪三十一年木活字本，江苏武进。

③ 叶庆元等：《吴中叶氏家谱》卷二，清宣统三年木活字本，江苏常熟。

勤、居家宜俭、礼法宜遵、立教宜预、赋税宜完、是非宜公、鳏寡孤独宜矜、患难宜恤。

而清雍正十一年（1733），江苏镇江《丹徒姚氏族谱·家训》则完全吸收了旧家训：

父母宜孝、兄弟宜友恭、治生以耕读为本、存心以忠厚为本、立业宜勤、居家宜俭、礼法宜遵、立教宜预、赋税宜完、是非宜公、鳏寡孤独宜矜、患难宜恤。①

新旧家训族规并呈，后人可以了解家训族规的变迁，也可以窥探当时社会风气的变化，是当时社会环境变化的一个缩影。

其二，各类规范并陈。明清族谱的一个重要特点是明清家训与族规并陈的现象开始增多，特别是家训与家规并陈，家训给予孙以教化，一旦教化效果不理想，就要施以家规处罚。如明嘉靖四十四年（1565），《绩溪积庆坊葛氏重修族谱·家训家规叙》中谈到：

谱系之后，继之以家训，又继之以家规也者，所以启迪之于先规也者，所以约束之于后，此即孔子道德齐礼意也。盖教之不从，而又有规以一之。②

从明清族谱来看，以湖南、安徽两省的族谱家训、族规并陈相对较多。

其三，家谱附列官府示谕以强化其权威。通过对明清族谱规训的分析可了解到嘉庆、道光时期有较多族长将家训族规呈请地方官府颁示，并将

① 姚承宪等：《丹徒姚氏族谱》卷四下，清宣统三年木活字本，江苏镇江。

② 葛文简：《绩溪积庆坊葛氏重修族谱》卷三，明嘉靖四十四年刻本，安徽绩溪。

官府示谕载入族谱，这意味着对族人统治的不断强化。家训族规不断强化的过程，也意味着基层社会已经开始动摇，基层群众的反抗也在加剧。如清同治十三年（1874），安徽桐城《东楼王氏宗谱·家规》载示谕：

特授江南安徽安庆府桐城县正堂，加十级，纪录十次沈，为公请金谕，以肃家规事。据候补儒学训导王琅等呈称：窃王政先肃民风，则人须衔辔。家规必循国典，斯法有权衡。职族派出太原，有宋转徙于江右，支分司寇，至元隶籍于桐乡，系沿五百余年，惟传耕读，丁衍二十一世，忝有科名。戒兹生齿殷繁，诚恐良莠不一。宗祠首立先灵并丘垄，以凭依家督，次推举族，待规模而董率。职备守寒毡，忝为族长。家声欲绍，约束宜先。非奉明文，罔知炯戒。为此伏乞赏赐教条，颁示宗祠。金章赫耀，庶豆登生色，何殊雨过花容，玉律森严，俾云耳倾心，不啻风行草偃，将此以垂户政。……并呈规条到县。为此，仰王姓户族人等知悉。尔族丁，务须入孝出弟，崇俭饬华，秀读朴耕，各安本业，听从尊长，开列规条，共相遵守。倘该丁有违犯条教者，许户尊长，先行带祠管束。如仍怙恶，即据实指名赴县具禀，以凭严拿，按律究处，决不宽宥，各宜凛遵毋违。特示。

嘉庆十年四月初一日

计开十条：

第一条：凛遵圣谕，首重人伦。凡属子弟，自当恪守伦常，毋得有干犯情事。第二条：课税为天庾正供。有产业者，宜遵示投完，毋得隐漏稽延……

家谱中附列官府示谕的有嘉庆十二年（1807）《龙河李氏宗谱·家规》、道光元年（1821）《延平李氏宗谱·家规》、道光七年（1827）《桐城王氏宗谱·家规》、道光二十年（1840）《王氏宗谱·家规》、道光二十一年（1841）《皖桐香山戴氏宗谱·家规》、道光二十六年（1846）《龙河李氏宗谱·家规》、道光二十九（1849）《桐西胡氏宗谱·家规》、光绪二十二年（1895）《延平李氏宗谱·家规》等。此外，咸丰九年（1859）《湘阴狄氏家谱·家规》、光绪四年（1878）《怀宁任氏宗谱·家规》亦附列官府示谕。

第三章　明清家训族规主要特征

明清族谱体例与宋元不同的一个重要特点是把家训族规融入族谱中，这表明家训族规正逐步生活化、制度化、法律化，也表明宗族组织进一步加强，且得到当时明清政府的有力支持。

一、明清家训族规的基本原则

明清家训族规的基本原则贯穿于明清家训族规始终，体现家训族规的基本精神，对各项家训族规具有指导作用。通过对明清家训族规的探讨，我们可以了解到家训族规的基本原则主要有以下六个。

（一）合乎“礼教”原则

明清时期，在统治阶级的大力倡导下，程朱理学得到了前所未有的发展，特别是程朱理学的“礼教”思想在人们心中具有至高无上的地位。尤其是成书于隋朝的《颜氏家训》与朱熹的《朱子家礼》，被一些家族奉为礼教的“圣典”，并把此思想融入家训族规当中。可以说，“礼教”是明清族规家法的核心，合乎“礼教”原则被家训族规奉为“至上原则”。

明景泰元年（1450），江苏苏州《顾氏族谱·家范》有“重冠礼”“重丧礼”“严礼节”“遵大礼”[①]等条；清嘉庆十七年（1812），安徽《黟县南

① 顾鼎勋等：《顾氏族谱》卷二，清康熙四十四年务本堂写本，江苏苏州。

屏叶氏族谱》谈到“崇礼教”[①]。可以说明清时期家训族规的制定都以体现“礼教”为基础，家训族规中的“惩罚”也是为“礼”服务的，要求族人的思想和行为必须在封建“礼教”的框架内运行。

清康熙四十三年（1704），安徽黟县《横冈胡氏支谱》载：

清明祭扫仪制、祭品俱照祭簿备办，六股首先行约，率子姓齐诣丘垅，序列告处，不得惮劳怠玩，以致废礼。如违，重罚。元旦庆谒，上年六股首诣各宅拜节，本年六股首自元日至人日，伺候迎送，毋得失礼。如违，计日议扣管年常例。子侄各安生业，须寻向上一着。凡赌博、嬉游一切逾于礼法之事，务宜谨戒。各家父兄亦须董敕训诲。[②]

但在清朝中晚期，“礼教”对家训族规的影响有所减弱，由于社会的动乱和不稳定，再加上商品经济的发展，利益纷争增多，和睦成为时代之必须，进而“和睦”成为族谱家训族规的首要内容。

（二）教化原则

明清家训族规为了维护封建“礼教”至上，使其族人囿于封建“礼教”，体现“不教而杀为之虐”的思想，把教化原则贯穿于家训族规始终，贯穿于族人成长的始终。

明嘉靖四十四年（1565），《绩溪积庆坊葛氏重修族谱》载：“年少子孙须教。”[③]明崇祯七年（1634），安徽桐城《左氏宗谱》载：“教子孙。”[④]清乾隆十九年（1754），江苏丹阳《云阳仁济匡氏重修家乘》载：“教子孙。”[⑤]清光绪二十七年（1901），江苏无锡《梁溪张氏宗谱》载：“教子

① 叶有广等:《黟县南屏叶氏族谱》卷一,清嘉庆十七年木活字本,安徽黟县。

② 胡景等:《横冈胡氏支谱》下卷,清康熙四十三年抄本,安徽黟县。

③ 葛文简:《绩溪积庆坊葛氏重修族谱》卷三,明嘉靖四十四年刻本,安徽绩溪。

④ 左家修等:《左氏宗谱》卷二,清道光二十九年木活字本,安徽桐城。

⑤ 匡启仁等:《云阳仁济匡氏重修家乘》卷一,清道光二十七年乐安堂木活字本,江苏丹阳。

弟。”①

从上面不同的家训族规内容可以了解到，明清时期的宗族是非常注重子弟教化的，并充分认识到教化的重要性。

清宣统三年（1911），安徽休宁《富溪程氏祖训家规封邱渊源合编》载：

教子孙：子孙者，宗祀所重，家世所属，虽欲庶繁，惟贤是赖。欲求其贤，非严以教之不可得也。②

这也指出了实行教化的部分原因。

一些家族通过宣讲家训对族人进行教化，以体现“不教而杀为之虐”的精神，并把宣讲家训写入家训族规中。

清乾隆十九年（1754），江苏丹阳《云阳仁济匡氏重修家乘》载：

谱牒必须宝藏箱匣又当讲读宗训。③

清宣统三年（1911），安徽绩溪《仙石周氏宗谱》载：

必每年宣讲家训。④

一些家族甚至把宣讲家训的程序、注意事项、惩罚措施等写进族谱当中，这大大推动了教化活动的实施，也使教化原则得到了真正落实。

（三）以尊治卑原则

教化只能防范于未然，若宗族子弟怙恶不悛，不听教化，就要发挥家

① 张才子等：《梁溪张氏宗谱》卷一，清光绪二十七年萃雅堂木活字本，江苏无锡。
② 作者不详：《富溪程氏祖训家规封邱渊源合编》不分卷，清宣统三年五知堂抄本，安徽休宁。
③ 匡启仁等：《云阳仁济匡氏重修家乘》卷一，清道光二十七年乐安堂木活字本，江苏丹阳。
④ 周善鼎：《仙石周氏宗谱》卷二，清宣统三年善述堂刻本，安徽绩溪。

训族规的惩罚功能，而家训族规的惩罚功能贯穿着以尊治卑原则，也就是族内人员一旦违背家训族规，族长或长辈就要惩治不孝子弟。也就是说，族长或家长有权惩罚不孝子弟，而子弟无权惩罚族长或家长。以尊治卑原则在明清的家训族规中得到了充分体现。

安徽《绩溪县南关许氏惇叙堂宗谱》载：

家法以尊治卑，不得以卑治尊。

可以说，这是对家训族规以尊治卑原则的概括，具有普遍适用性，这个原则在一些地区表现得比较突出。

安徽《绩溪县南关许氏惇叙堂宗谱》又载：

凡族中子弟犯家法，叔伯、父兄得以家法治之。若叔伯、父兄犯家法，子弟晚辈不得借口祖宗之名，以下犯上。

明万历三十二年（1604），《古歙谢氏统宗志·家规》载：

凡有凌犯尊长、不合于礼者，则当鸣于族长，以家法惩治。①

这都充分贯彻了以尊治卑原则，也是封建“礼教”的充分体现。

但是，不是说族长或者家长就可以不受约束了，就可以为所欲为了。实际上，族长或家长也必须遵守家训族规，只是族长或家长违背了家训族规，子弟不能以下犯上，惩罚族长或家长。

清光绪三十三年（1907），安徽歙县《新州叶氏家谱·修省斋公家规二十条》载：

① 谢廷谅等：《古歙谢氏统宗志》卷六，明万历三十二年刻本，安徽歙县。

族长不守家规，为子弟者，反复委曲开论。及终不能听，然后会族告祠堂，以彰其过，更立以次贤者主持家法。[①]

可见，族长一旦违背家训族规，就有可能被“弹劾”，只是子弟不能惩罚族长，若子弟惩罚族长就是不孝。

（四）遵守国法原则

遵守国法原则首先要畏法。“畏王法”[②]“尊国法”[③]等在家训族规中非常常见，每一个族人都要有对法的敬畏之心。在明清的家训族规中，对法的敬畏之心的重要体现就是急赋税、急国课方面。

明万历元年（1573），江苏海安《虎墩崔氏族谱·族约十六条》载：“供赋役。”[④]同样，明万历三十三年（1605），安徽《休宁范氏族谱》载：“赋役当供。”在笔者收集的清朝族谱中，有30多部强调“完国课”，有10多部谈到“赋役当供”“急赋役”，有20多部谈到“赋税宜完”“供赋税”，且这些内容所在的族谱没有重复，可见清朝对完税的重视，也说明“急赋税”等是明清家训族规的一个重要内容。

如清康熙四十三年（1704），安徽黟县《横冈胡氏支谱》载：

今我族中赋税，惟期日增而务要及时以完公事。[⑤]

其次，明清家训族规遵守国法原则的又一个重要表现是约束族人守法，保证族人处于国法的框架内。

家训族规禁止登仕者贪墨、族人斗殴打架、勾结匪类等，使族人免受

① 叶希明：《新州叶氏家谱》不分卷，清光绪三十三年抄本，安徽歙县。
② 高美佩等：《梁安高氏宗谱》卷十一，清光绪三年木活字本，安徽绩溪。
③ 许文源等：《绩溪县南关许氏惇叙堂宗谱》，清光绪十五年惇叙堂木活字本，安徽绩溪。
④ 崔三锡等：《虎墩崔氏族谱》卷一，明万历四十年刻本，江苏海安。
⑤ 胡景等：《横冈胡氏支谱》下卷，清康熙四十三年抄本，安徽黟县。

官府的侵扰，以维护宗族的永续发展。如清康熙十年（1671），《武进汤氏家乘·思琴公遗训》载："毋贪财。"[①]清光绪十三年（1887），江苏武进《毗陵丁堰张氏宗谱》载："毋贪利。"[②]以此维持家族免被官府侵扰。

至于斗殴，明清一些族谱中的家训族规明确规定"毋斗殴"，以防止族人养成游惰、不务正业等恶习，以防给家族声誉带来影响。如明万历四十年（1612），江苏海安《虎墩崔氏族谱·族戒八条》谈到"戒斗狠"[③]。清顺治十八年（1661），安徽桐城《鹞石周氏尚义堂支谱·家规》谈到"禁争斗"[④]，清乾隆五十五年（1790），湖南宁乡《灰汤蒋氏族谱》载"戒好斗"[⑤]等。明清规定禁止争斗的族谱是相对比较多的，在笔者收集的清朝族谱中，有20多部谈到"戒斗"等相关内容。

禁止匪类，在笔者收集的明朝族谱当中没有发现此方面的内容，而清朝族谱中有规定"戒匪类""戒窝匪""勿入匪类"等相关内容，特别是清朝中晚期，"戒匪类"的族谱相应增多，这也是当时社会环境的一个反映，说明清朝中晚期"匪类"明显增多。清嘉庆十七年（1812），安徽黟县《黟县南屏叶氏族谱》载："杜匪类。"[⑥]清道光二年（1822），安徽怀宁《怀宁高河马氏宗谱·宗谱十禁》载："禁结交匪类。"[⑦]从家训族规上约束族人，使族人的思想行为符合统治阶级需要，有利于保持家族的永续发展，也对维护社会稳定起到了一定作用。

另外，一些家族族谱的家训族规还规定了其他的内容。

如清光绪三十三年（1907），安徽歙县《新州叶氏家谱》曰：

继嗣有能学古入官者，当遵家法，当佩吾训，忠以事上，廉以律己，

---

① 汤贻汾等：《武进汤氏家乘》卷十六，清道光二十九年木活字本，江苏武进。

② 张衡芳等：《毗陵丁堰张氏宗谱》卷一，清光绪十三年二铭堂木活字本，江苏武进。

③ 崔三锡等：《虎墩崔氏族谱》卷一，明万历四十年刻本，江苏海安。

④ 周碧山等：《鹞石周氏尚义堂支谱》卷一，清光绪二十年木活字本，安徽桐城。

⑤ 蒋民奉等：《灰汤蒋氏族谱》册二，清乾隆五十五年刻本，湖南宁乡。

⑥ 叶有广等：《黟县南屏叶氏族谱》卷一，清嘉庆十七年木活字本，安徽黟县。

⑦ 马世雄等：《怀宁高河马氏宗谱》卷首，清道光二年五常堂木活字本，安徽怀宁。

公以处事，仁以爱民。[①]

一旦违反家训族规，对违反者绝不姑息，甚至送官惩办，绝不存在包庇族内犯事之人的情况。

清光绪二十三年（1897），安徽《绩溪东关冯氏家谱》载：

阴结匪党，行踪诡秘，及为凶杀劫盗者，除革逐外，仍秉县立案、钞案，以免后累。[②]

通过家训族规约束族人，实际上是让族人约束、监督族人，保证族人处于国法的框架内，以保证宗族的永续发展。

（五）罚当其过原则

明清族谱中的家训族规根据触犯条款的不同，规定了不同的处罚种类，但惩罚始终贯穿着罚当其过原则。

清光绪三年（1877），安徽绩溪《梁安高氏宗谱·家法》规定：

成人以上，得罪于父母尊长；窃取族内物件；在族外有奸淫事迹；与族内妇女笑谑；聚赌。以上由分长或族长引入支祠或宗祠祖前，杖以竹板。杖之轻重多寡，视其罪之大小、身之强弱。[③]

且其他家族的家训族规也有类似的规定，惩罚只是手段，而不是目的，目的是教育族人，使其改过，这在家训族规中得到了充分体现。

清光绪三年（1877），安徽绩溪《梁安高氏宗谱·家法》也规定：

① 叶希明：《新州叶氏家谱》不分卷，清光绪三十三年抄本，安徽歙县。

② 冯景坡等：《绩溪东关冯氏家谱》卷首，清光绪二十三年木活字本，安徽绩溪。

③ 高美佩等：《梁安高氏宗谱》卷一，清光绪三年木活字本，安徽绩溪。

既责，仍诚心化导，务期悔悟。[①]

又如清宣统三年（1911），《仙石周氏宗谱》载：

暂革祠胙，逐出，改过，取保归宗例。……若三年改过，仍旧归宗。[②]

由此可知，明清家训族规在惩罚违反者时，充分考虑到其所犯过错的大小，所犯过错严重时，杖责就会重，反之，杖责就会轻，也就是罚当其过，以达到教育目的。

（六）注重治生原则

中国很早就开始关注治生问题。司马迁《史记·货殖列传》载：

老子曰："至治之极，邻国相望，鸡狗之声相闻，民各甘其食，美其服，安其俗，乐其业，至老死不相往来。"

这虽然体现了小国寡民的精神，但"乐其业"才能"至老死不相往来"，这实际上也说明了治生的重要性。中国传统家训也非常关注治生问题。

《颜氏家训》云：

人生在世，会当有业：农民则计量耕稼，商贾则讨论货贿，工巧则致精器用，伎艺则沈思法术，武夫则惯习弓马，文士则讲议经书。[③]

且在"万般皆下品，惟有读书高"的封建社会，随着资本主义经济的

① 高美佩等：《梁安高氏宗谱》卷一，清光绪三年木活字本，安徽绩溪。

② 周善鼎：《仙石周氏宗谱》卷二，清宣统三年善述堂刻本，安徽绩溪。

③ 陈君慧：《中华家训大全》，北方文艺出版社2014年版，第43页。

萌芽，人们对治生的观念开始有所改变，甚至一些家训族规开始鼓励子孙从事商业，甚至过去认为是“贱业”的职业也不再禁止，只要能谋生，不游手好闲，就允许子孙从事。因为治生对于一个人甚至家庭是非常重要的。

至于如何确保子孙具有谋生的本领，一些家训族规也做出了不同规定。最能被大家认同的谋生本领就是读书。通过读书，本人可以获得功名，还可以获得一些记账、抄写等谋生本领。因此，大部分家训族规鼓励子孙读书。另外，在治家当中，家训族规还非常强调节俭。节俭是中华民族一致倡导的美德。《论语》：“奢则不孙，俭则固，与其不孙也，宁固。”宋代朱柏庐的《治家格言》载：“一粥一饭，当思来处不易；半丝半缕，恒念物力维艰。宜未雨而绸缪，毋临渴而掘井。自奉必须俭约，宴客切勿流连。器具质而洁，瓦缶胜金玉；饮食约而精，园蔬愈珍馐。勿营华屋，勿谋良田。”这里也指出了节俭的重要性。节俭美德对明清家训族规也产生了深刻影响。在笔者收集的明朝族谱当中，有21.8%的家训族规谈到了节俭；在笔者收集的清朝族谱中有28.8%的家训族规谈到了节俭，可见明清时期是非常注重对子孙进行节俭教育的。

从上述内容可以了解到，明清家训族规非常注重子孙的治生问题，并积极培养子孙的就业基本能力，且治生不再仅限于“士农工商”四业，范围不断扩大。

二、明清家训族规法律化、制度化

（一）管理族人的一种工具

“明代和清代（前期）是中国传统家训发展的鼎盛时期。”[①]这一时期，家训著作数量多、内容丰、样式多、领域宽，对当时人们的思想、行为产

① 徐少锦，陈延斌：《中国家训史》，陕西人民出版社2003年版，第472页。

生了重大影响。一些士人不再禁锢于封建“礼教”，孝亲敬长、睦亲齐家等受到了挑战。

《绩溪积庆坊葛氏重修族谱》载：

父子、兄弟喘息呼吸之相通者，亦攘分灭情，贼伦理而不顾。此在迩且然……矧疏而百人者耶？则世系之谱亦徒焉耳矣。

在此情况下，特别是从明朝中后期起，一些家训族规纷纷进入普通百姓家，族权得到强化。族权强化的过程，也是家训族规逐渐法律化的过程，在“皇权不下县，县下是宗族，宗族皆自治，自治皆伦理”的情况下，家训族规用血缘捆绑“行政”权，保证了国家行政权在基层的延伸，使家训族规成为统治者在基层渗透的主要手段和工具，且家训族规的内容也比较丰富。可以说，家训族规是明清宗族履行族权的一部集行政、民事、刑事一体的“家典”，是对族内事务进行管理的重要依据，其主要内容包括以下几点。

第一，明清家训族规承担的第一个职能主要是“行政管理”职能，且这是明清时期家训族规最主要的职能。家训族规是宗族履行族权的行政“家典”，是对本族进行“行政”管理的依据，承担着行政管理的职能。家训族规可以说是治理乡村相对比较完善的行政“法典”。家训族规对族人的管理就是凭借其具有一定的行政管理权，可以要求族人必须做某种行为或者不准做某种行为。

清雍正十一年（1733），安徽休宁《茗洲吴氏家典》载：

子孙受长上诃责，不论是非，但当俯首默受，无得分理。……子孙有发达登仕籍者，须体祖宗培植之意，效力朝廷，为良臣，为忠臣，身后配享先祖之祭。有以贪墨闻者，于谱上削除其名。[①]

① 吴翟等：《茗洲吴氏家典》，清雍正十一年木活字本，安徽休宁。

家训族规对族人的管理包括管理族内个人事务、族内事务、族外事务等。族内个人事务方面的管理可以说包括了从个人出生到死亡，甚至死亡后埋葬、祭祀等每一个方面，明清家训族规对此都有非常详细的规定。

另外，家训族规具有一定的行政处罚权，包括精神、人身、财产等方面的处罚（见表3-1）。只要是族内的成员就必须遵守本族家训族规，否则就要面临惩罚。

清同治十二年（1873），祁门县《武溪陈氏宗谱·家法三十三条》载：

醉酒、无礼触犯人者，各责竹篦十下放。①

这明显具有行政处罚的性质，从表3-1对明清部分家训族规处罚的统计，可以了解到，家训族规的行政处罚种类大致分为警戒类、羞辱类、体罚类、驱逐类、经济制裁类、剥夺类、记过类等。这一方面说明族权对族人的管理不断强化；另一方面说明家训族规逐渐法律化，以达到对族人的威慑教育作用，以保障族人的行为符合封建“礼教”的要求。

表3-1　明清部分家训族规的处罚

处罚种类	时间	来源	内容
警戒类	明万历三十二年(1604)	歙县《古歙谢氏统宗志·家规》	清白传家，世为至宝。毋贪婪虐民，有累身家，世当警戒
	清康熙四十三年(1704)	黟县《横冈胡氏支谱·家规》	凡赌博、嬉游一切逾于礼法之事，务宜谨戒。各家父兄亦须董敕训诲
	清嘉庆九年(1804)	祁门《中井河东冯氏宗谱·家规》	男子学业，务出于正，凡诸庸下，皆不可为……一切俳优之类，切须禁戒，毋令习也
羞辱类	清嘉庆刻本	绩溪《曹氏宗谱·旺川曹氏家训后十则》	别内外以闲族。……犯此恶习者，勒令其夫诣祠，严法与众辱之

① 作者不详：《武溪陈氏宗谱》卷一，清同治十二年刻本，安徽祁门。

续　表

处罚种类	时间	来源	内容
羞辱类	清宣统三年(1911)	绩溪《仙石周氏宗谱·家法》	不孝翁姑,辱骂丈夫,即不忍出,又不可坐视,惟入祠罚跪,男子不可动手拖扯,所以重羞耻也
体罚类	清同治十二年(1873)	祁门《武溪陈氏宗谱·家法三十三条》	醉酒、无礼触犯人者,各责竹篦十下放
	清光绪十年(1884)	绩溪《荆川明经胡氏续修宗谱·祖训条约》	妻以配身,不可不法以正道。有犯盗淫、嫉妒之条,轻者痛惩,重者逐退娘家
	清光绪三年(1877)	绩溪《梁安高氏宗谱·家法》	得罪父母、窃取、奸淫、笑谑、聚赌,杖以竹板
	清光绪二十三年(1897)	《绩溪东关冯氏家谱·祖训》	得罪父母、尊长,交匪、戏谑、窃物者,由父兄在家杖责惩戒
	清光绪十五年(1889)	《绩溪县南关许氏惇叙堂宗谱·家法》	骂尊长、戏侮妇女者……用细竹枝笞其背,伤皮而不伤骨。笞之,仍令跪香服罪,并跪叩所犯尊长,戒不再犯
驱逐类	清光绪二十三年(1897)	《绩溪东关冯氏家谱·祖训》	奸淫乱伦,男女与所生子女逐革
经济制裁类	明万历二年(1574)	《重印新安大阜吕氏宗谱·桑园祭祀规》	厉言遽色,私妻子,厚自奉,而不顾父母者,重罚。如有斗殴,实为悖义,众察是非,罚银肆钱,戒谕和睦
	明万历五年(1577)	《休宁松罗门吕氏宗族凤湖街祭祀家规》	清明日,十五以上者,无故坐家,不与祭者,罚银五分
	清康熙四十三年(1704)	黟县《横冈胡氏支谱·家规》	祠内祀田租谷及各山场柴价,交纳时,须唤集六股首同理众事者,眼同收贮入匣,不得私行兜收,指东掩西,私肥己橐。违者,加倍重罚
剥夺类　不许入祠	明万历十五年(1587)	休宁《茗洲吴氏家典》	轻与婚聘,生不允入堂,死不允入祠
	明隆庆六年(1572)	祁门《文堂乡约家法》	子孙犯其父母、祖父母者,生不允入会,死不允入祠

续 表

处罚种类		时间	来源	内容
剥夺类	不许入祠	清光绪刻本	休宁《新安朱氏统宗祠规家法》	再醮之妇、收义子者、盗卖祖地、盗砍阴木者，本人及子孙不允入祠
	停胙	清光绪十五年（1889）	《绩溪县南关许氏惇叙堂宗谱·家法》	为俳优者，为皂隶者，为人奴仆者，为玷辱祖宗之业者。以上停胙不给，改正业，乃给胙
	家谱削名	清雍正十一年（1733）	休宁《茗洲吴氏家典·家规》	有以贪墨闻者，于谱上削除其名
	不准归宗	清宣统三年（1911）	绩溪《仙石周氏宗谱·家法》	男女逐出永不归宗例……使其祖父母、父母含恨以死，罪无可解者
记过类		明万历五年（1577）	《休宁松萝门吕氏宗族凤湖街祭祀家规》	凡平居之际，不肯说好话，行好事，而有犯圣谕中一件事，记过，量罪轻重，罚银多寡

第二，明清家训族规的重要内容是调整族内不完整的民事关系，这种民事关系是由封建经济基础决定的。明清家训族规从主体、内容、责任等方面来看是不完整的民事关系，是有瑕疵的民事关系。

仅从民事主体上来看，明清时期各宗族内是不完全平等的民事主体，这种不完全平等的民事主体是由宗族制下的封建经济基础决定的。作为家族的族长或宗长掌管着族内所有的共同财产，对共同财产可以说具有完全的处理权或更多的话语权，而作为族内的其他成员，是没有这项权力的。特别是家训族规贯彻着以尊治卑原则，族长有权力处理子弟的财产，而子弟是不能反抗的，甚至族内成员的吃穿住以及生老病死可以说都控制在宗族内。

明万历三十二年（1604），安徽《古歙谢氏统宗志》载：

家之中，大小事务，悉主于家长。[①]

可见，族内的民事权利是不可能对等的。

而作为封建“礼教”下的妇女，更是没有民事权利可言。对族中妇女的约束，则自始至终贯穿着儒家伦理，特别是程朱理学的“三从四德”思想和理念。

清雍正十一年（1733），《茗洲吴氏家典》载：

妇人必须安详恭敬，奉舅姑以孝，事丈夫以礼，待娣姒以和。[②]

而生活在封建“礼教”下的妇女，她们的权利依附于夫和子，其权利行为能力是不可能得到保证的。另外，族内的尊长与卑幼，民事权利也是不平等，在家训和族规家法的要求下，卑幼只有无条件地服从尊长，权利行为能力的行使也受到限制。

另外，民事权利内容从族内财产关系来看也是不对等的。祭田、宗祠等共同财产，属于本族成员共有，其所有权属于全体族人，但族产实际由族长或宗长控制，其他成员可以说没有完全所有权，且家训族规对本族成员变卖个人的私产也作出了严格规定。族长和宗长通过对族产的控制，进而控制他人思想和行为，以使成员的思想和行为符合家训族规的要求，否则，成员就可能被驱逐，并烙上不孝的罪名。而且，明清家训族规严格限制宗族内部的私有财产外流，必须遵循宗族优先购买原则，就是“其田请问亲房人等，不愿成交”。通过这一系列措施，最大程度上保证族内财产牢牢控制在宗族内。

① 谢廷谅等：《古歙谢氏统宗志》卷六，明万历三十二年刻本，安徽歙县。

② 吴翟等：《茗洲吴氏家典》，清雍正十一年木活字本，安徽休宁。

第三，明清家训族规对族内婚姻方面内容的调整。首先是“同姓不婚”。它规定，凡同姓者不问远近亲疏，有无血缘关系，一律不得互相婚配。这一规定创自周代，自周以降，历代相承，不仅为礼教所倡导，而且从唐朝开始被写进了法律条文。唐代法律规定，同姓相婚的处徒刑二年，宋代法律规定与唐相同。元代《元典章》规定：“同姓不得为婚，截自至元八年正月二十五日为始，以前者准已婚为定，以后者依法断罪，听离之。”明律与清律也均规定同姓为婚的各杖六十，并勒令离婚。为此，各家族在制定家训族规时，就把“同姓不婚”列入家谱之家训族规。

“同姓不婚”这个规定在明清时期表现得尤其突出，甚至一些家训族规规定得非常严格。清光绪绩溪县南关许氏宗族内有许、余两姓，但余姓远祖为许姓，故族规“同姓不婚”如此写道：“同姓不婚，《周礼》则然，应毋庸赘。然我祠既有两姓，而又同出一姓，必定规约以昭世守。各派丁世居故土，两姓同出一姓，不能为婚，人人知之。恐有散居远处，不知本源，与他祠妄结婚姻，许与余为婚，有碍本祠之余……余与许为婚，余自许改，亦属同姓，皆不准”。清光绪三年（1877），安徽绩溪《梁安高氏宗谱・祖训》载：“同姓不婚，我高氏曾以胡姓入继，故高、胡永不为婚。”[①]通过家训族规有关内容来看，这里的“同姓不婚”是从男性血缘关系来考虑的，另外也不是从优生优育的角度出发的，而是从“礼教”的角度出发，当然，与现在婚姻法规定的禁止近亲结婚的目的是不一样的。

其次是辨良贱，轻门第。从表3-2可以了解到，明清时期，每个家族的家训族规不管是娶妇还是嫁女，都把对方的“德”和对方家庭的“家教”放到第一位。

① 高美佩等:《梁安高氏宗谱》卷十一，清光绪三年木活字本，安徽绩溪。

表 3-2　明清家训族规有关婚姻方面的规定

时间	来源	结婚条件
明隆庆六年（1572）	歙县《泽富王氏宗谱》	娶妇必择其贤，嫁女择其德可也
明万历十五年（1587）	休宁《茗洲吴氏家典》	婚配不在财富，须择门楣相对之族
明万历十七年（1589）	休宁《重修城北周氏宗谱》	婚姻为人道之始，须当择其门第，辨其良贱，必察其婿与妇之行及家教何如。婚姻论财，夷虏之道
明万历三十二年（1604）	歙县《古歙谢氏统宗志·家规》	嫁女必胜吾家。女子聘人，不论贫富，须择名门与郎婿之佳者，聘礼，且勿勉强
明万历三十九年（1611）	婺源《江湾萧江氏宗族祠规》	凡嫁娶须择门第相等
清康熙九年（1670）	绩溪《曹氏宗谱·旺川曹氏家训十则》	凡议婚姻，当察其婿与妇之德行若何，勿慕其富贵；议婚不宜太早
清康熙九年（1670）	绩溪《曹氏宗谱·旺川曹氏家训十则》	积善之门，家教端肃……贫富可勿计
清康熙五十五年（1716）	绩溪《周坑周氏宗族宗训》	结婚以择德为重；女子适人，务须长成择婿，不得轻与徇诺，奁仪厚薄，称家有无，不赘
清嘉庆九年（1804）	祁门《中井河东冯氏宗谱》	凡嫁娶，尤在择贤良之家；不可苟慕一时之声势货利
清道光二十六年（1846）	婺源《龙池王氏宗谱》	娶妇必择其贤，嫁女须教以德；若贪利议婚，或以女许贱姓，或娶贱姓之女，皆所当禁
清光绪三年（1877）	绩溪《梁安高氏宗谱·祖训》	同姓不婚，因高氏曾以胡姓入继，故高、胡不婚
清光绪十年（1884）	绩溪《荆川明经胡氏宗谱·祖训条约》	嫁娶，择其良善；妇之事人，必孝顺舅姑，不淫不妒，择贤婿，贫富不计量
清光绪二十八年（1902）	《绩溪东关冯氏家谱·家规》	同姓不婚；娶媳求淑女；嫁女择佳婿；不计较财，不攀富豪
清宣统二年（1910）	绩溪《华阳邵氏宗谱·家规》	婚姻，人之道始此，而论财识者鄙之。择阀阅相当之家，不必计其奁赀之多寡

续　表

时间	来源	结婚条件
清宣统三年(1911)	绩溪《上川明经胡氏宗谱·规训》	重婚姻:嫁女必胜吾家,娶妇必不吾家

明隆庆六年（1572），安徽歙县《泽富王氏宗谱·宗规》载：

族之婚姻，娶妇必择其贤，嫁女必择其德可也。①

清康熙五十五年（1716），安徽绩溪《周氏重修族谱正宗》载：

今人结婚，多慕达官富室，殊不以择德为重。②

这充分说明，明清时期娶妇嫁女首先考虑的因素是人品，有德便有妇，有德便有婿。并且，非常注重对方家庭的家教，并把家教作为娶妇和嫁女的重要条件。这是因为“夫妇，人伦之始，万化之源”③。可见，明清时期，娶妇嫁女对家教的重视，家教成为娶妇嫁女“勘察”的首要条件，有家教便有良好的家风，有良好的家风，便有贤婿淑妇。有的家谱还把“不可计较钱财，不可攀结豪富”明确写进家训族规中，就是现在看来，也具有积极意义。

重门第的观念在明清婚姻方面正逐步淡化，特别是清朝前期，门第观念已经严重削弱，从表3-2来看，从康熙到道光年间各家族的结婚条件没有涉及门第观念，只是到清朝晚期部分家族在婚姻方面强调“门户相当”。总体来说，明清时期在婚姻方面是重“德”而轻“门第”的。

在婚姻方面，家训族规也规定了严厉的惩罚措施，包括族人娶妇和嫁女一旦违背家训族规，就要对族人进行严厉惩罚。

① 王景象等:《泽富王氏宗谱》卷八,明隆庆六年刻本,安徽歙县。

② 周启海等:《周氏重修族谱正宗》卷一,民国二年叙伦堂木活字本,安徽绩溪。

③ 周启海等:《周氏重修族谱正宗》卷一,民国二年叙伦堂木活字本,安徽绩溪。

清康熙四十五年（1706），婺源《婺南中云王氏世谱·祠规》载：

妇从夫贵犹可言，女从婿贱，遂贱及父母祖宗，不可言矣。族有此等，以不孝论罚。[①]

明清时期家训族规对婚姻方面的规定，目的是维护家族的永续发展和家族的声誉。

第四，调解是处理民间纠纷最佳方式。有的学者认为，明清时期民间纠纷的最终解决是在“国家审判”和“民间调停”二者互动中完成的。在传统的民间社会里，传统的国家权力无法延伸到此。如此一来，大量的民间纠纷的解决完全依赖国家权力和王朝法律是不太现实的。可以说，明清时期民间纠纷的解决主要是依靠调解，这在明清家训族规中得到了大量体现。

明嘉靖四十四（1565），安徽《绩溪积庆坊葛氏重修族谱》载：

族人争讼，不可逞气，遽扰官府。须各以事理白之族中尊长及知事者，托之处剖，则是非曲直自有定论。[②]

明清时期族谱中家训族规规定的比较多的是戒争讼，争讼主要是因民间纠纷而起，不主张甚至可以说禁止族人到官府打官司，如“好争非君子之道”“不许烦官府、力逞刁奸”等，而是通过族长或德高望重的人调解解决，以达到睦宗族的效果（见表3-3）。“兄弟、伯叔若争长竞短，家长并族之贤能者，重则各出银数分和平，轻则分其是非，忍息则免仇恨而协和睦。”[③]可以说，族长或德高望重的人调解解决民间纠纷是明清时期处理民间纠纷的主要方式之一。

① 作者不详:《婺南中云王氏世谱》卷五，康熙四十五年木刻活字印，江西婺源。

② 葛文简:《绩溪积庆坊葛氏重修族谱》卷三，明嘉靖四十四年刻本，安徽绩溪。

③ 胡学先等:《荆川明经胡氏续修宗谱》卷一，清光绪十年五义堂木活字本印本，安徽绩溪。

明清时期处理民间纠纷的另外一个方式是“忍”，也就是从心理上保持平和，不要因怨生恨，产生更大的纠纷。“忍”可以说是中国传统纠纷的解决方式之一，也是“礼教”倡导的处事方式之一。明万历二十二年（1594），山西代县《代州冯氏族谱》载：“容忍、忍辱。”①明万历四十六年（1618），甘肃泾川《张氏宗谱·家规》谈到“贵容忍”。而清朝也有很多的家训族规谈到“忍”。清康熙三十二年（1693），河北《宁晋张氏族谱》载：“尚容忍。”②清乾隆二十三年（1758），浙江嵊县《剡北德政乡陈氏家谱》谈到“贵容忍”。这充分说明，“忍”也是明清时期解决民间纠纷的重要途径，通过忍让，以达到纠纷的和平解决。

表3-3　明清部分家训族规中民间纠纷解决途径统计

时间	来源	内容
明嘉靖四十四年(1565)	《绩溪积庆坊葛氏重修族谱》	族人争讼,不可逞气,遽扰官府。须各以事理白之族中尊长及知事者,托之处剖,则是非曲直自有定论
明万历三十二年(1604)	《古歙谢氏统宗志·家规》	夸豪逞讼,非良家子弟
明万历三十九年(1611)	《萧江全谱》	止词讼。虚怀忍让,不许烦官府、力逞刁奸
清咸丰五年(1855)	《湾里裴氏宗谱·家规》	劝释词讼:屈膝公庭,俯首悍役,不惟丧家,且复坏品,是大愚也
清同治九年(1870)	《华阳舒氏宗族宗规》	戒争讼:好争非君子之道
清光绪十年(1884)	《荆川明经胡氏宗谱·祖训条约》	禁讼。争讼之端,多因小忿,因小以失大。兄弟、伯叔若争长竞短,家长并族之贤能者,重则各出银数分和平,轻则分其是非,忍息则免仇恨而协和睦
清光绪十五年(1889)	《绩溪县南关许氏惇叙堂宗谱·家法》	因求地藏祖而与结讼,岂不可笑？小事,不必讼争

① 冯曦等:《代州冯氏族谱》卷二,民国二十二年铅印本,山西代县。

② 张湑等:《宁晋张氏族谱》册一,清同治十二年百忍堂木活字本,河北宁晋。

续　表

时间	来源	内容
清光绪二十三年(1897)	《绩溪东关冯氏家谱·祖训》	无可奈何之事,由宗族尊长公论,不得私斗。同族不讼
清宣统三年(1911)	《上川明经胡氏宗谱·规训》	族间有事忿争……调处。纵少有不平,亦宜解忿息争,委曲顺从,万勿讼公庭

第五，明清家训族规有关刑事方面的内容。明清家训族规有关刑事方面的内容主要体现在族内子孙有不孝、结匪等行为，族长或长辈把其送到官府接受惩罚，不僭国法，不动用私刑。一方面体现本宗族是畏王法、敬官府的，不包庇犯罪子孙，让他们接受王法的惩罚；另一方面，避免株连本宗族，可以保持本族的永续发展。

明清时期地区的家训族规对不孝子孙有严格的规定。表3-4中的清光绪年间绩溪梁安高氏宗族家法、绩溪东关冯氏宗族家法都规定了子妇殴打父母、舅姑，严重违背了封建礼教，是社会不耻行为，应当报官立案。

表3-4　明清部分家训族规有关刑事方面的内容

时间	来源	内容
明万历二年(1574)	《重印新安大阜吕氏宗谱·桑园祭祀规》	遇获外人盗砍,经公究治
康熙四十三年(1704)	《黟县横冈胡氏支谱·家规》	凡支下子孙不得魆行侵害,蔑祖自便。如违禁者,族众即行起举鸣官,以不孝罪论罚
清光绪三年(1877)	《梁安高氏宗谱·家法》	子妇殴打父母、舅姑……将逆子、逆妇送官重治
清光绪二十三年(1897)	《绩溪东关冯氏家谱·祖训》	子妇殴打父母、舅姑,乃伦常大变,非家法所得而治,当由分长、邻右立刻捆逆子、逆妇,送官重治
清光绪十五年(1889)	《绩溪县南关许氏惇叙堂宗谱·家法》	漂流在外,阴结匪党……劫盗者……禀县立案,以免后累
清宣统三年(1911)	《仙石周氏宗谱·家法》	阴结匪党……凶杀劫盗者,除革逐外,仍禀县立案,以免后累

清朝中后期，起义不断，革命党人不断发动革命，严重威胁着清王朝的统治，而一些家族怕受到株连，为了家族的永续发展，在此时期制定或修订的家训族规明确规定严禁勾结“匪类”。绩溪仙石周氏宗族家法对勾结匪徒制定了有关规定，不但从家训族规上进行惩罚，而且禀县立案，以免后累。可见家训族规对“阴结匪党”规定之严格。另外，明清家训族规对斗殴、盗窃者规定了要送官惩治。

总之，随着明清族权与政权在乡村的强化，家训族规也在逐步法律化，这对维护封建“礼教”，维护基层社会秩序都具有一定的积极意义。

三、明清家训族规消除纷争的途径

（一）加大对族人的管理，特别是对族人日常生活的管理，使族人行为在家训族规框架内运行

家训族规本是长辈告诫子孙安分守己的行为规范，以维持家族的永续发展为最高指导原则，故对日常生活有许多规定。特别是对恶习的规定，如“赌博”“酗酒”等。

清嘉庆十七年（1812），《黟县南屏叶氏族谱·祖训家风》载：

> 禁邪僻。族中邪僻之禁至详，而所尤严者赌博。①

清雍正十一年（1733），安徽休宁《茗洲吴氏家典·家规》载：

> 子孙赌博、无赖及一应违于礼法之事，其家长训诲之。②

并对屡教不改者规定了相应的处罚措施。清同治十二年（1873），安

---

① 叶有广等：《黟县南屏叶氏族谱》卷一，清嘉庆十七年木活字本，安徽黟县。

② 吴翟等：《茗洲吴氏家典》，清雍正十一年木活字本，安徽休宁。

徽祁门《武溪陈氏宗谱》对好赌争斗、醉酒，触犯人者、淫于酒色者有严厉的处罚措施，使族人的行为在家训族规内运行，以保持家族永续发展。

另外，明清时期随着商品经济的发展，人们的思想、行为也有一定的变化，其中比较突出的是娱乐行为方式的增多。明清家训族规对此也作出了严格规定，甚至看小说都在禁止之列。

清光绪二十三年（1897），安徽《绩溪东关冯氏家谱》载：

> 弹词、小说最坏心术，切勿令其入目[①]；

清雍正十一年（1733），休宁《茗洲吴氏家典·家规》载：

> 俗乐之设，诲淫长奢，切不可令子孙听复肄习之。[②]

并对一些具体的娱乐行为作出了规定，要求子弟当一切弃绝之，避免因其蛊心惑志、废事败家。

（二）教化族众，培植子弟，使子弟知书达理

祭祀不仅能培养子弟对祖宗的孝思，也能联系族谊，同时宗族的教化与惩治功能也得以借助族人齐聚宗祠之机会而彰显。有的家族要求族众定期展读或聆听家训族规与圣谕，期望这些规范与训诫能深入人心。

明清家训族规非常注重对子弟的培植，使其知书达理，注重后代的教育和培养是家庭和家族的优良传统。在人们的心里，“承先与后，励学为先”，占居重要地位。于是，家庭和家族对子女教育给予了特别关注，这在明清的家训族规中得到了充分体现，并通过举办义学、开辟义田等措施保障子弟能够接受教育。

① 冯景坡等:《绩溪东关冯氏家谱》卷首，清光绪二十三年木活字本，安徽绩溪。

② 吴翟等:《茗洲吴氏家典·家规》，清雍正十一年木活字本，安徽休宁。

清雍正十一年（1733），安徽休宁《茗洲吴氏家典·家规》载：

族中子弟，有器宇不凡、资禀聪慧而无力从师者，当收而教之，或附之家塾，或助以膏火。①

明万历十八年（1590），安徽《歙西岩镇百忍程氏宗信谱·族约篇》载：

宗族之望，子孙贤也；子孙之贤，能读书也。能读书则能识字，匪特可以取科第、耀祖宗，即使未仕，亦能达事故、通事体而挺立于乡帮，以亢厥宗矣。②

正因如此，教化使刁顽循规，使聪慧耀祖，保障了家族的永续发展，这归功于家训族规。

（三）加大族人不良行为的训诫，使族人的行为在家训族规框架内运行

教化只能防患于未然，一旦子弟怙恶不悛、不听教化，家训族规严厉惩戒的一面迅速呈现。对子孙不良行为的训诫，明清家训族规有多方面的规定。

清康熙四十三年（1704），安徽黟县《横冈胡氏支谱·壮卿公老家规》载：

子侄各安生业，须寻向上一着。凡赌博、嬉游一切逾于礼法之事，务宜谨戒。各家父兄亦须董敕训诲。③

① 吴翟等：《茗洲吴氏家典》，清雍正十一年木活字本，安徽休宁。

② 作者不详：《歙西岩镇百忍程氏宗信谱》卷十一，明万历十八年木活字本，安徽歙县。

③ 胡景等：《横冈胡氏支谱》下卷，清康熙四十三年抄本，安徽黟县。

清雍正十一年（1733），安徽休宁《茗洲吴氏家典·家规》载：

子孙赌博……诲之不悛，则痛棰之；又不悛，则陈于官而放绝之，仍告于祠堂，于祭祀除其胙，于宗谱削其名。[①]

清宣统三年（1911），安徽休宁《富溪程氏祖训家规封邱渊源合编》载：

若杀人放火，奸盗诈伪，恐吓诓骗，赌博撒泼，行凶放党，起灭词讼，挟制官府，欺压良善，暴横乡里，一应不善、不当为之事，皆非为也。人若为之，大则身亡家破，小则吃打坐牢，累及父母、妻子，有何便益？若能安分守己，不作非为，自然安稳无事，祸患不作。化民为善，莫切于此。[②]

明清家训族规通过对族人娱乐行为、毋作非为行为的规定，最大限度上保证族人的行为在家训族规的框架内运行，以免族人遭到官府的追究，连累宗族，保障了宗族的永续发展。

（四）约束族人的贪墨行为，保证族人的清正廉洁

明朝一些家族从家训族规上约束族人，防止族人入仕后，有贪墨行为。

明万历三十二年（1604），安徽《古歙谢氏统宗志·家规》规定：

清白传家，世为至宝。……今有能登科跻显者，当遵家法，当佩吾

① 吴翟等：《茗洲吴氏家典》，清雍正十一年木活字本，安徽休宁。

② 作者不详：《富溪程氏祖训家规封邱渊源合编》不分卷，清宣统三年五知堂抄本，安徽休宁。

训，廉以律己，公以处事，仁以爱民，恕以待人，以全令名，以保禄位。毋贪婪虐民，有累身家，世当警戒。[①]

清雍正十一年（1733），安徽休宁《茗洲吴氏家典·家规》载：

子孙有发达登仕籍者……有以贪墨闻者，于谱上削除其名。[②]

清嘉庆九年（1804），祁门《中井河东冯氏宗谱·家规》载：

子孙仕宦，不拘职任内外、大小，皆当存心于忠君爱民。廉以律身，仁以出治，恕以处事，宽以御众，而辅之以勤谨和缓，公正明决，未有不保终者。[③]

（五）敦睦族谊，消弭纷争

明清家训族规非常注重敦睦族谊，以消除族内之间的纷争。明清家训族规强调同源一脉、休戚与共理念，以强化宗族的凝聚力与族人对族谊的重视。清乾隆时期歙县《重修古歙东门许氏宗谱·家规》载："族人群聚，一家人父子之相亲也，是敦义睦族之道，祖有明训，可以世守而服行之也。"[④]另外，患难相恤、守望相助也是敦睦族谊的重要体现。明万历三十二年（1604），歙县《古歙谢氏统宗志》要求"患难相恤，有无相济，此同宗之义"[⑤]。

平息争讼是消弭族人纷争的一条重要途径。平息争讼乃宗族的重要职责，亦为敦睦族谊的重要一环。众多家训族规皆提及一旦族人有争讼，族长

① 谢廷谅等：《古歙谢氏统宗志》卷六，明万历三十二年刻本，安徽歙县。
② 吴翟等：《茗洲吴氏家典》，清雍正十一年木活字本，安徽休宁。
③ 冯光岱等：《中井河东冯氏宗谱》卷一，清嘉庆九年木活字本，安徽祁门。
④ 许登瀛：《重修古歙东门许氏宗谱》卷八，清乾隆二年刻本，安徽歙县。
⑤ 谢廷谅等：《古歙谢氏统宗志》卷六，明万历三十二年刻本，安徽歙县。

应当协调双方，以避免族人两败俱伤，损害族谊，甚至因兴讼而破家荡产。

总之，明清家训族规实际上起到乡规民约的职能，始终贯穿着教化思想，把封建“礼教”融入家训族规当中，很好地实现了家法与国法的完美配合，实现了地区封建“德治”与“法治”的协调统一，是我国封建“法治”典型形态，促进了地区的经济发展、文化繁荣、社会和谐，对当今建设中国特色社会主义法治社会具有一定的借鉴意义。

第四章　明清家训族规个人规范

家训族规是族长或家长对族人的期许与告诫，以期望自己的家族血脉能够永续发展。由于编纂者看问题的角度不一样，家训族规的内容也不可能千篇一律。仕者编纂的家训族规与文人编纂的家训族规以及普通人士编纂的家训族规不可能一致；同一时期，不同家族编纂的家训族规也不完全一致。但编纂家训族规的目的是一致的，即保持家族血脉的永续发展。因此，分析家训族规也必须从这个角度上去分析。本章基于笔者收集的明清族谱，对家训族规中的个人规范方面进行研究。

第一节　修　身

《礼记·大学》云："古之欲明明德于天下者，先治其国；欲治其国者，先齐其家；欲齐其家者，先修其身。"可见，修身一直以来被儒家视为齐家治国之基。

明方孝孺曰：

圣人之道，必察乎物理，诚其念虑，以正其心，然后推之修身；身既修矣，然后推之齐家；家既可齐，而不优于为国与天下者，无有也。①

清乾隆五十年（1785），湖南《潘氏重修族谱·家规十条》中云：

修身。身者，一家之主，万事之根。②

这都充分说明修身的重要性。明嘉靖十二年（1533），姚儒在《教家要略·序》中云：

古君子修身以教家，故民彝立而家道正。格物致知，诚意正心，所以修身而治国、平天下，则是教家之推。

明嘉靖八年（1529），浙江《萧山来氏家谱·四训八戒》载：

身能正，家始齐。③

清道光十三年（1833），江苏丹徒《柳湖田氏宗谱》“崇正学”条载：

凡人身有不修，则性分不获自尽，而无以全吾为人之道。④

《课子随笔》引述《梁氏家训》云：

人家门祚昌盛，皆由修德砥行，世代相承，故能久而勿替。⑤

---

① 方孝孺：《逊志斋集》卷一。

② 潘荣獐等：《潘氏重修族谱》不分卷，清乾隆五十年木活字本，湖南宁乡、湘潭。

③ 来秉奎等：《萧山来氏家谱》卷首，清光绪二十六年会宗堂木活字本，浙江萧山。

④ 田忠明等：《柳湖田氏宗谱》，清道光十三年木活字本印本，江苏丹徒。

⑤ 张师载：《课子随笔》，民国十一年溧阳周倚德堂木活字印本。

在笔者收集的明清族谱中，家训族规涉及个人方面内容的统计见表4–1、4–2所示。

表4–1 明朝族谱中家训族规涉及个人方面内容的统计

年号	篇数	明清朝族谱中家训族规涉及个人方面内容的次数								
		赌博	治生	本业	读书	修身	酗酒	农桑	廉洁	异端
洪武	1		1							
永乐	1				1					1
宣德	1			1			1			
景泰	1									1
成化	2	1	1							
弘治	2					2				
正德	1	1	1			1				
嘉靖	11		1		3	2	1			1
隆庆	2				1	2				
万历	36	6		3	4	19	4	1	2	2
天启	3	1			1	2				
崇祯	7	2	1	1	1	6	1		1	
合计	68	11	5	5	8	34	7	1	3	5

表4–2 清朝族谱中家训族规涉及个人方面内容的统计

年号	篇数	清朝族谱中家训族规涉及个人方面内容的次数								
		赌博	治生	本业	读书	修身	酗酒	农桑	廉洁	异端
顺治	3	1				2				
康熙	40	13	4	7	8	41	6	9	1	3
雍正	4	2	1	1	1	3		1		
乾隆	62	16	3	3	4	35	5	9	1	1
嘉庆	45	12	3	5	5	44	6	7	3	1

续　表

年号	篇数	清朝族谱中家训族规涉及个人方面内容的次数								
		赌博	治生	本业	读书	修身	酗酒	农桑	廉洁	异端
道光	98	31	6	6	32	104	12	13	5	1
咸丰	6	1		1		4	1	1		
同治	77	24	2	2	14	76	8	14	3	1
光绪	288	84	4	31	77	266	24	43	11	11
宣统	46	13		5	9	43	4	5	3	1
合计	669	197	23	61	150	618	66	102	27	19

根据表4-1与表4-2可以了解到，不管是明朝还是清朝的家训族规，都把修身放到重要的地位，且清朝较明朝更加重视修身问题。

安徽歙县《潭渡孝里黄氏族谱》云："齐家必先于修身，《大学》一书，言之详矣。然其要尤在于'修身为本'之一语。按'本''末'二字于六书中谓之指事。从'本'从'一'，'一'在于'木'下之根为'本'，'一'在于'木'上之枝为'末'，'本''末'二字之义盖如此。故欲其家之齐也，犹木之校干，欲其条达畅茂面向上，不致于臃肿离奇焉耳，然不可以望之于枝干也。如人之欲齐其家者，不当责诸家之人，而当反求于吾之身，必也无一言之不直，无一事之不正……如木之培其根本者然，不使其屈曲而遏阏焉，则直矣；不使其纠结而偏邪焉，则正矣。根本既正既直，其枝其干有不条达畅茂而向上者，未之有也。"为此，修身为了"不使其屈曲而遏阏焉，则直矣"，必须使其族人"无一丝一毫之偏好偏恶"。明清家训族规"戒恶习"就显得无一丝一毫之偏好偏恶。

至于如何修身？清乾隆十年（1745），江苏无锡《堠山钱氏宗谱·箴三公家训六条》云：

要时时检点刻刻提防，平时将圣贤经传先正格言潜心玩味，自然胸中有主：不贪非礼之财，不淫非礼之色，不出非礼之言，不践非礼之径，且不贵徒饰方正之容，使人目为假道学。要于春风和煦之内卓然自有主张，纷纭酬酢之交森然自循节度，果能如此，不论读书之子与贸易之人，即此为真孝子，即为真道学。[①]

这里明确指出了修身的途径。但明清时期家训族规关于修身的内容有哪些值得后人借鉴的方面还需要深入探讨。

清道光十三年（1833），江苏丹徒《柳湖田氏宗谱·新增家训》云：

修身包括崇正学、亲师友、穷性命、明道德、端心术、修言行、饰容体、宏度量、积阴骘。[②]

清光绪十四年（1888），广西《西林岑氏族谱·祖训》的修身篇，包括立志、孝弟、读书、本职等。可见，明清家训族规中谈到的修身途径仍有借鉴的价值。

一、端心术

明天启六年（1626），江苏江阴《暨阳许氏宗谱·垂训要言》“正心术”条云：

为人最要存心，存心善恶，天必鉴之。先儒云：一念而善，则和风庆云；一念而恶，则妖星厉鬼。[③]

清嘉庆元年（1796），河南汝南《应氏先行录·孝友公家规》载：

---

① 钱日煦等:《堠山钱氏宗谱》卷四,清同治十三年木活字本,江苏无锡。

② 田忠明等:《柳湖田氏宗谱》,清道光十三年木活字本印本,江苏丹徒。

③ 许子铭等:《暨阳许氏宗谱》卷首,清同治十一年贻燕堂木活字本,江苏江阴。

夫心者制事之本。一存否之间，而天理之顺逆异焉，子孙善恶所由以分也。凡我长幼必存乃心，以合斯理，务使平恕而不苛刻，光明而不暧昧，正大而不侧小，忠厚而不浮薄，诚实而不虚诈，庶几能顺天理而成贤子孙矣。反是，而恣其血气之偏，极其计谋之巧，以谓人莫己知，而可以无所不至者。孰知冥冥之中，有天临之，昭昭之表，有人见之。欲掩而卒莫能掩，如此则何益矣。不可不以为戒。①

清道光二年（1822），《蓝氏重修族谱》谈到“端心术”：

心术端，则为循理积德之君子，心术不端则为悖理损德之小人，品诣固由此以分，凶吉实因兹以召。②

清嘉庆十六年（1811），浙江嵊县《剡西珏芝张氏宗谱·训戒》主张：

为人品行务要端方，守死不变，勿以贫困而为非义之事，勿以豪强而越范身之礼。③

清道光八年（1828），山西《灵石何氏族谱》“端品行”条云：

先民有言：士，先气节而后文章。故君子以立品为贵。……圣人论士，以行己有耻为先，可见所重者品行。凡千言万语，无非为此，即《大学》八条目，以修身为本，亦此意也。吾愿后生小子，少作谨厚子弟，长作端人正士。如此方能不坠家声。④

① 作者不详：《应氏先行录》卷一，清嘉庆二年木活字本，河南汝南。
② 蓝长馨等：《蓝氏重修族谱》，清道光二年汝南堂木活字本。
③ 张鸣皋等：《剡西珏芝张氏宗谱》卷一，清嘉庆十六年亲宗堂刻本，浙江嵊县。
④ 何思忠等：《灵石何氏族谱》卷七，清道光八年刻本，山西灵石。

清道光二十九年（1849），浙江东阳《卢氏三峰家志》云：

端心术。世间心术不端的人，或见利忘义，益己损人；或忮㦗多私，妒美乐祸；或诞浮癸诈，心口不符；或设阱藏机，满腔矛戟。此等人外面亦要说好话、做好样，自谓无人看破，不知此心对人如狐魅，临镜本相了然，谁能掩得？纵使假仁假义、人亦不肯背信，终无一事做得成、究竟何益？所以人的存心要如青天白日，千人亦见、万人亦见。昔刘元城间可以终身行之者，司马温公曰："其诚乎。"诚之一字，即孔子所谓"忠信"，孟子所谓"赤子之心"，人能全得此字，自然光明正大，表里洞然，更无不可对人之心术矣。[①]

二、崇正学

清道光十三年（1833），江苏丹徒《柳湖田氏宗谱·新增家训》"崇正学"条云：

凡人身有不修，则性分不获自尽，而无以全吾为人之道。正学者尧、舜、禹、汤、文、武相传，诚意正心之道，于以修身以立明之术也。老氏有仙学，释氏有佛学，世以此二者与吾儒之学称为三教。然仙佛之学，岂可以立教载？是故学以吾儒为正。[②]

清道光二十四年（1844），江苏镇江《古润开沙丁氏重修族谱·家训》载：

自古圣贤未有不由学而成者。所学维何？即尧、舜、禹、汤、文、

① 卢潮生：《卢氏三峰家志》卷一，清道光二十九年肃雍堂藏板雅刻本，浙江东阳。
② 田忠明等：《柳湖田氏宗谱》，清道光十三年木活字本印本，江苏丹徒。

武、伊、周、孔、孟相传之道也。为学不外知行格物以穷理，躬行以修德。故大学首重诚意，务在戒欺求慊，而圣功王道。于此，基中庸功，在慎独，必须致中和，即天地万物于此全学，此则为圣贤，外此即为愚。不肖若为我兼爱浮屠之说，内不能正己，外不能正人，是皆异端。虑无寂灭之学，悉宜屏绝如天文地理医卜之术，尚有益于世用或有余功及之可也。①

可知家训族规不但把孔孟之道列为正学，还把诚意、正心、慎独等列为正学，这对继承中华传统文化，并对中华传统文化创造性转化和创新性发展具有重要意义。

三、读书

明清家训族规普遍认为，读书乃是培养优良子弟的不二之选。

明嘉靖四十四年（1565），安徽《绩溪积庆坊葛氏重修族谱·家训》载：

世间物可以益人神智者，书。故凡子孙，不可不使读书。惟知读书，则识义理。凡事之来，处置得宜，如游刃解牛，自有余地。其上焉者，可以致身云霄，卷舒六合；下焉者，亦能保身保家，而规为措置，迥异常流，自无村俗气味。苏子云："无肉令人瘦，无竹令人俗。"无竹犹未俗也，无书则必俗矣。人求免于村俗，不可一日无书。②

明万历三十二年（1604），《古歙谢氏统宗志·家规》云：

---

① 陈启兰等:《古润开沙丁氏重修族谱》卷二，清道光二十四年留余堂活字本，江苏镇江。

② 葛文简:《绩溪积庆坊葛氏重修族谱》卷三，明嘉靖四十四年刻本，安徽绩溪。

人家子弟，性资凶犷，礼貌粗俗，皆因不读书之故。宜延明师以教，端其性习，训其礼节。①

清乾隆十年（1745），江苏无锡《堠山钱氏宗谱·箴三公家训六条》“立品”条载：

平时将圣贤经传、先正格言潜心玩味，自然胸中有主。不贪非礼之财，不淫非礼之色，不出非礼之言，不践非礼之径。②

清乾隆四十年（1775），《李氏家谱·家训下》载：

读书以变化气质，敦品立行为主。③

清乾隆五十八年（1793），浙江《萧山吴氏宗谱·蓘庵公家训》强调：

立身首在读书。

并具体指出所要读的书，以及读书可以使人“理明而身可以立”。这些要读的书包括：

四子、五经熟读而详绎之，精思而身体之，修齐治平之事备矣。诸史浩繁，或难博览，《纲目》简而有法，《通鉴》详而不冗，具兴亡成败之迹，示经权常变之道，嘉言懿行可为法，奸淫贪暴足以戒，是当朝考而夕究焉。至于诸子百家，惟资博洽，暇则流观。而稗官野乘、小说家言，无

① 谢廷谅等：《古歙谢氏统宗志》卷六，明万历三十二年刻本，安徽歙县。
② 钱日煦等：《堠山钱氏宗谱》卷四，清同治十三年木活字本，江苏无锡。
③ 李源：《李氏家谱》卷九，清乾隆四十年刻本，察哈尔蔚县。

庸寓目也。[①]

清光绪三年（1877），安徽绩溪《梁安高氏宗谱·祖训》载：

四民皆是正业。然不读书则不知礼义……不至为非。至于子弟佳者，则为之读书，使家贫无力，宗族宜加意培植。[②]

清宣统三年（1911），《仙石周氏宗谱·祖训十二条》云：

读书所以明圣贤之道，本不可不重。况一族子弟，无论将来读书成名，即农工商贾，亦须稍读书本，略知礼义。[③]

综上，读书不但可以益人神智，还可以明礼，是修身的重要途径。

四、立定志向

“志之所趋，无远勿届，穷山距海不能限也。志之所向，无坚不入，锐兵精甲不能御也。”志存高远的人，再遥远的地方也能达到，再坚固的东西也能突破，修身更能达到。这也是明清族谱中家训族规非常重视立志的原因。

明嘉靖四十四年（1565），安徽《绩溪积庆坊葛氏重修族谱》载：

人之初生，桑弧蓬矢以射四方，弘其志也。是知上下四方皆男子之所，有事必须志气寥廓，规模远大，思欲做天地间无穷事业，则随其所就，亦有可观。苟安于卑陋，中宴安之酖毒，而虚度此生，身前事业，死

① 吴其燡：《萧山吴氏宗谱》卷一，清光绪三十年爱敬堂木活字本，浙江萧山。

② 高美佩等：《梁安高氏宗谱》卷十一，清光绪三年木活字本，安徽绩溪。

③ 周善鼎：《仙石周氏宗谱》卷二，清宣统三年善述堂刻本，安徽绩溪。

后文章，一无有焉。嗟乎！盖棺事乃定，死者而有知也，将不悔之晚乎？故陶靖节心远地偏之旨，子孙所当深玩。[①]

清乾隆三十四年（1769），浙江《冯氏家谱·家训十则》载：

士先立志。立志向上，则日从正路上去，却须立得坚定，毋为事物牵引。人固有始而学好，要做一好人，不知不觉忽然改弦易辙者，或为势所夺，或为利所动，终是无志气人。大凡无志气之人，可断其终身无一事可成。是不可不切家猛省。[②]

清道光二十七年（1847），河南《睢阳沈氏家谱·祖训》“立志”条载：

世间淫邪之事，终是胸无主张，遂致为所引诱。能立得志，住则有身份，有名望。偶履邪地，稍有错事，防人谈论，自然有所警戒也。[③]

孔子曰：三军可夺帅，匹夫不可夺志也。这都说明立志的重要性。明清族谱中的家训族规充分认识到立志在修身以及族人成长、成才当中的重要作用。

第二节　处　事

处事的实质是和谐，包括人与社会的和谐、人与人的和谐，当然也包括人与自然的和谐。清康熙二十六年（1687），江苏武进《毗陵庄氏增修

① 葛文简：《绩溪积庆坊葛氏重修族谱》卷三，明嘉靖四十四年刻本，安徽绩溪。

② 冯祀英：《冯氏家谱》，清乾隆三十四年，浙江仁和。

③ 沈士洛：《睢阳沈氏家谱》卷首，清道光二十七年刻本，河南睢阳。

族谱·丹吉公家训》载：

立心忠厚。①

清康熙五十四年（1715），江苏吴县《娄关蒋氏本支录右编·紫峰公家训》载：

处事宜谦退。②

清乾隆三年（1738），山东淄川《般阳高氏家模汇编》载：

淳朴家风宜待人大度。③

清乾隆三十四年（1769），浙江仁和《冯氏家谱》载：

居心以宽厚为主。语云："原德载福。"盖福禄之来、必非刻薄人所能受也。缘刻薄之人，心地褊窄，行事不留余地。既无余地以处人，自无余地以处己，天道断然不爽，安能享受大福？即或有刻薄一生而享福者，要皆由其祖先积厚流光所致，断不可引以属比而自解免也。试看发达之家，往往上推祖考之积德宽厚，非其明征耶？④

清乾道光二十年，江苏宜兴《汪氏宗谱》所云：

---

① 庄怡孙等:《毗陵庄氏增修族谱》卷十九，清光绪元年刻本，江苏武进。

② 蒋德骅:《娄关蒋氏本支录右编》卷首，清光绪三十一年刊本，江苏吴县。

③ 高仲治等:《般阳高氏家模汇编》卷下，清乾隆三年刻本，山东淄川。

④ 冯祀英:《冯氏家谱》，清乾隆三十四年，浙江仁和。

处事宜方正而谦和。[1]

清宣统三年，江苏镇江《丹徒姚氏族谱》载：

存心以忠厚为本。[2]

综观明清族谱中家训族规所展现的处事哲学，主要包括安命守分、谨言慎行等理念，而以“全身保家”为最高指导原则。

一、安命守分

编写族谱的最终目的是家族的永续发展，安命守分实际上是追求人与社会的和谐。在明朝中后期，宦官专政，社会动荡，人人可危，但人们渴望平安幸福生活的梦想始终没灭，人们也在探索人与社会和谐的途径，追求平安幸福的生活。安命守分虽然有消极、宿命的成分，但这可能是当时人们认为最佳的一种途径或道路，只能把安命的愿望写进族谱的家训族规，望子孙都能好好地“活下去”。

明崇祯年间，《大槐王氏念祖约言世记》云：

各宜谨守安分，只求平安便是福。[3]

甚至一些人士持有宿命论，认为“命”由天注定，认同听天由命的天命观。这是由于族谱的编纂者深受儒家天命观思想的影响，特别对儒家思想“不知命，无以为君子也；不知礼，无以立也；不知信，无以知人也”中的“知命”有所误解，只认识到儒家天命观思想的消极部分，没有认识

① 汪熙等:《汪氏宗谱》卷一,清道光二十年义和堂刻本,江苏宜兴。

② 姚承宪等:《丹徒姚氏族谱》卷四下,清宣统三年木活字本,江苏镇江。

③ 王之垣等:《大槐王氏念祖约言世记》卷上,明崇祯年间刊本,山东桓台。

到儒家天命观思想中的积极实践部分。明朝中后期，社会动荡，灾害频发，再加上朋党之争、起义不断，人们只能把“命”寄托于上天，认为人的生死劫数早已由上天决定，人只能听天由命。这种宿命论的认识，在族谱的家训族规中充分体现出来了。

明万历三十九年（1611），江西婺源《萧江全谱·省躬训十条》载：

安分：天之生人来，各自有定分。①

特别是到明朝末年，局势更加动荡，一些家族为了自保，不敢穿新衣服，不敢宴请宾客，怕“出名”，怕招来事端。

明天启四年（1624），《任邱边氏族谱》载：

禁穿好衣服、制桌椅、妆门面、说大话、设盛馔、燕宾客。名乃杀身之物，何如藏头之为便也。②

经过明末清初的社会动荡，一些人士仍然抱有安命守分的处事观。清康熙二十六年（1687），江苏武进《毗陵庄氏增修族谱·丹吉公家训》云：

安常处顺，乐天知命。受用此八字，自能不为富贵人所动。万钟千驷，只似浮云一般。③

清朝中后期，因社会动荡，有些家族也持消极悲观的处事观和宿命论。清光绪二十二年（1896），浙江《萧山塘湾徐氏家谱·家训十八条》同样传达“安本分”之理念，认为：

① 江应翰：《萧江全谱》卷五，明万历三十九年刻本，江西婺源。

② 边方晋等：《任邱边氏族谱》卷十九，清乾隆三十七年笃叙堂刻本，河北任邱。

③ 庄怡孙等：《毗陵庄氏增修族谱》卷十九，清光绪元年刻本，江苏武进。

君子务本，本立道生。居易俟命，素位而行。穷通显晦，数定难更。汲汲皇皇，徒劳神精。欲不萦心，梦寐亦清。运亨利来，学优名成。眼界一空，方寸已平。安分乐道，顺受其正。①

清光绪三十年（1904），湖北《梅氏宗谱》（叙事卷）载：

安命。予自三十以后，见阅稍广，阅历渐深，乃于人生由命之说坚信之而不疑。②

同时，明清时期也有一些人士持有积极进取的观点。

清乾隆二十一年（1756），河北《任邱边氏族谱·家训·笃叙堂家训·训词十六条》云：

人每以听其自然谓之顺天，不知天赋人以聪明才识，原有多少事业待人做出来，若止听其自然，而人事不尽是逆天，安得谓之顺哉。③

二、谨言慎行

儒家的“慎言”观，是修身与处事的重要内容。如《论语》曰：

邦有道，危言危行；邦无道，危行言孙。④

对深受儒家思想影响的明清族谱而言，把“慎言”观融入族谱的家训族规当中，目的是追求人与人之间的和谐，追求家族的永续发展。“慎言”观在明清族谱中得到了充分体现。

① 徐佐廷等：《萧山塘湾徐氏家谱》卷一，清光绪二十二年承宗堂木活字本，浙江萧山。

② 梅光表等：《梅氏宗谱》（叙事卷）卷六，清光绪三十年木活字本，湖北。

③ 边方晋等：《任邱边氏族谱》卷十九，清乾隆三十七年笃叙堂刻本，河北任邱。

④《论语·宪问》。

明万历四十六年（1618），甘肃泾川《张氏宗谱·家规》“谨言语”条载：

家长之言语，家人之承听也。古之君子居丧不言乐，祭祀不言凶，公庭不言妇女，对兄弟则言慈爱，接卑幼则言孝敬。推而至于语，臧获下走，亦必以道。非徒寡口过，亦以示家法也。苟为不然，启口容声，少有不钦。则己先轻躁，何以责人之沉默，是故齐家者，谨言语之为贵。[①]

明天启四年（1624），河北《任邱边氏族谱·一经堂家训》载：

要言语煦煦，令闻之者喜。行事要宽厚，不可刻薄。[②]

明天启六年（1626），江苏江阴《暨阳许氏宗谱·垂训要言》载：

处世之道，惟是言行两者。匠心而言，则必招尤；匠心而行，则必致悔。[③]

清乾隆五十八年（1793），浙江《萧山吴氏宗谱·菉庵公家训》谓：

祸自口出，明多言之必失也。人皆喧嚷，我独缄默。人皆争辩，我独浑涵。非惟远患，抑且崇德。[④]

清嘉庆元年（1796），安徽怀宁《皖怀邹氏宗谱·家训》云：

---

① 张廷枋：《张氏宗谱》卷一，明万历四十六年刻本，甘肃泾川。

② 边方晋等：《任邱边氏族谱》卷十九，清乾隆三十七年笃叙堂刻本，河北任邱。

③ 许子铭等：《暨阳许氏宗谱》卷首，清同治十一年贻燕堂木活字本，江苏江阴。

④ 吴其燿：《萧山吴氏宗谱》卷一，清光绪三十年爱敬堂木活字本，浙江萧山。

世路崎岖奈若何，枢机稳括净风波。语无根柢休呈巧，事不关身慢惹拖。步履退藏天地阔，春光露泄是非多。放怀自背先贤训，尤悔频来有恨么。①

清嘉庆二年（1797），河南汝南《应氏先行录·孝友公家规》云：

夫言出诸口，一或苟焉，灾眚立至，故与其辩也，宁讷。凡我子孙，与事上接下之际，必审理度义而慎其出焉。毋矜己长，毋扬人短；毋非人之是，毋阻人之善，毋攻发人之隐私，毋离间人之骨肉，毋恃便捷儇利而侈。然自以为直信能以事实诸怀抱，不致放去。虽未必尽善，无口过而外至之尤。万一其可少矣，爱惜身家此为最先，毋以为易而忽之。②

清道光二十三年（1843），江苏丹阳《云阳裴氏宗谱》载：

凡人不可出绝理之言，尤不可作伤心之事。须留些地步，使日后好相见。③

清道光二十四年（1844），江苏镇江《古润开沙丁氏重修族谱·家训》载：

言行为君子枢机，人之所应违乎我者也。是以言忠信，行笃敬，可行于蛮貊，否则不可行于州里。④

同治年间，林良铨《麟山林氏家训》云：

① 邹全宗等：《皖怀邹氏宗谱》卷一，清嘉庆元年敦厚堂木活字本，安徽怀宁。
② 作者不详：《应氏先行录》卷一，清嘉庆二年木活字本，河南汝南。
③ 裴旸等：《云阳裴氏宗谱》卷四，清同治十三年绿野堂木活字本，江苏丹阳。
④ 陈启兰等：《古润开沙丁氏重修族谱》卷二，清道光二十四年留余堂活字本，江苏镇江。

语言最易伤人。吾尝见受一言而终身莫解者，一朝势败，则报复至矣。非其人深险，我既使之难堪，彼必含之甚深。

又载：

谈人闺阃，非但口过，竟是恶业。人家暧昧之事，我纵知之甚确，亦只可置之罔闻。即有人问及，又何妨答以不知。……个中功孽，所系非轻，汝曹须勿蹈此。[①]

清同治三年（1864），湖南湘潭《龙船港李氏五修族谱·家训》曾云：

人心莫测，因言以宣。躁隐与瞽，是谓三愆。出好兴戎，为日是占。枢机之发，四马无前。溺同于水，防甚于川。修身以践，矢口为虔。[②]

清光绪三年（1877），浙江上虞《清河张氏支谱·敦一府君家训》载：

言语不可轻发，启口取羞，出口兴戎也。[③]

清光绪十九年（1893），湖南衡阳《湘东桃桥李氏续修宗谱·家训》载：

慎言为修身之要。盖不谨其言，则气浮心放，于行必疏，君子固戒之。至于谈人闺阃，论人是非，间人骨肉，发人隐私，不为丧德，且足取祸。[④]

① 林良铨：《麟山林氏家训》，清同治四年跋，林氏自刊本。

② 李秉人，李齐荫等：《龙船港李氏五修族谱》卷三，清同治三年西平堂刻本，湖南湘潭。

③ 张其昆等：《清河张氏支谱》卷一，清光绪三年贻穀堂刻本，浙江上虞。

④ 李良赞：《湘东桃桥李氏续修宗谱》首卷一，清光绪十九年木活字本，湖南衡阳。

清光绪二十六年（1900），浙江《萧山来氏家谱·四训八戒（嘉靖八年）》所强调：

身能正家，始齐谨言慎行。①

通过明清有关“谨言慎行”的家训族规可以了解到：谨言慎行，不是不言，而要言“令闻之者喜”言语，不谈人之隐私，不说人之短……总之，不谈不利于和谐的言语，只有这样才能与他人和睦相处。

三、宽厚、谦退与忍让

宽厚、谦退与忍让实际上是在处事中追求人与人之间的和谐，强调的是人与人的“和”。在明清族谱的家训族规中，“睦”字出现的频率很高，可见明清一些家族追求和谐生活的愿望，和谐是安家的重要策略。

清光绪二十二年（1896），浙江绍兴《会稽偁山章氏家乘》载：

传家两字，曰读与耕；兴家两字，曰俭与勤；安家两字，曰谦与忍；防家两字，曰盗与奸；亡家两字，曰嫖与赌；败家两字，曰暴与凶。休存猜忌之心，休听离间之语；休作生愤之事；休专公共之利。②

明嘉靖四十四年（1565），《绩溪积庆坊葛氏重修族谱·家训》云：

处家之道，以和为贵，和生于忍。③

明清族谱中的家训族规所要达到的目的就是家族的永续发展，发展的

① 来秉奎等：《萧山来氏家谱》卷首，清光绪二十六年会宗堂木活字本，浙江萧山。

② 章贻贤：《会稽偁山章氏家乘》卷一，清光绪二十二年世德堂本活字本，浙江绍兴。

③ 葛文简：《绩溪积庆坊葛氏重修族谱》卷三，明嘉靖四十四年刻本，安徽绩溪。

前提是族人与族外人员、族内人员之间的和谐，没有和谐，就没有家族安定有序的发展，谦退与忍让是达到和谐的途径和方法。明清族谱中的家训族规有关宽厚、谦退和忍让的内容是比较丰富的，从其实质来看，都是追求和谐和家族的永续发展。

第一，小不忍，乱大谋，忍让是消除忿争的重要途径。

明万历四十六年（1618），甘肃泾川《张氏宗谱》载：

贵容忍。必有容，德乃大；必有忍，事乃济。大丈夫当容人。乱大谋者，皆起于小不忍也。①

清乾隆二十三年（1758），《剡北德政乡陈氏家谱·家训》“贵容忍”条云：

事惟忍，还有济。张公艺九世同居，皆由“忍”字上来。凡骨肉藩篱争如楚汉，以致忘身破家者，其初起于小不忍也，近见人家人多口众，事情不一，因不能容忍多番嘶闹，被一等生事之人阳来劝解，实属追风捕影，本是小涔轻波，顿起惊涛怒浪，亦皆不忍耐之所致也。②

清道光十七年（1837），江苏镇江《京口张氏重修族谱》载：

忍耐处事。凡人暴戾之气，施与家，则多起争端；施与人，则必致贾祸。故凡遇横逆之来，必平心静气以处之，酌情处理，以待之。若彼以横逆来，我亦以横逆往，衅端一开，忿争无已，殊非保身保家之道。③

清光绪十年（1884），广东中山《香山徐氏宗谱》云：

① 张廷枋：《张氏宗谱》卷一，明万历四十六年刻本，甘肃泾川。

② 陈荣棣：《剡北德政乡陈氏家谱》卷一，清光绪二十二年思敬堂木活字本，浙江嵊县。

③ 张元：《京口张氏重修族谱》卷一，清道光十七年木活字本，江苏镇江。

天下惟忍最难，亦惟忍最乐。无端横逆之加，其中必有所恃，我而忍之，则危机立化矣。岂特大事化小，事已哉！推原不忍之，由皆一气之所使，人能降心抑气甘自下，人则吃亏处，正是便宜处。①

忍的重要一方面，是要学会吃亏。

清乾隆十年（1745），江苏无锡《堠山钱氏宗谱·箴三公家训六条》云：

天下惟有“学吃亏”三字，一生受用不尽，宁人负我，不要我负人，宁人欺我，不要我欺人。苟不知忍耐漫发一言，妄行一事，未有不贻后日之悔者。古人云：让一步天宽地阔，不过忍一时之难忍，此中人有受用处也。况我能吃亏则天地自然怜我，鬼神自然佑我，公论自然许我，祸未必不此弭，福未必不自此集乎！至于田产交易忍耐之外，更宜宽厚一分，即忍辱忍气不足为耻，若以刻薄而置产，不转眼而即贱售他人，可不戒哉。②

清光绪二十二年（1896），江苏《江阴六氏宗谱·侯城家训》云：

君子小人分途，只争敬肆二字。……能让，省却多少口角，多少气恼。所谓世事让三分，天宽地阔，何等优游自在。且吃亏二字最是处世妙诀。事事欲占便宜，其究也，必至吃亏。肯吃亏，正是占便宜处也。人能会得此意，一生之受用无穷矣。③

可见，“忍让”是和谐处事的重要途径。为了家族的和谐发展，必须

① 徐润立等：《香山徐氏宗谱》卷一，清光绪十年北岭肇修堂、前山叙伦堂，上海同文书局石印本，广东中山。

② 钱日煦等：《堠山钱氏宗谱》卷四，清同治十三年木活字本，江苏无锡。

③ 六子龄：《江阴六氏宗谱》卷二，清光绪二十二年侯城书屋木活字本，江苏江阴。

小忍以防乱大谋。

第二，宽厚谦退。

人是不能脱离社会的，人必须要与人打交道，在交往过程中，要宽厚待人，要懂得谦退。这一方面体现了自己的修养，另一方面也促进了人与人之间的和谐。而且宽厚谦退是保身的第一法则，也是和谐处事的重要条件。

清乾隆三年（1738），山东淄川《般阳高氏家模汇编·司寇公庭训摘要》云：

> 待人必当谦下，居心必当宽仁，处事必当详慎，事天无踰小心，庶几可以寡过，庶几可以保身。①

从这可以了解到，宽厚待人的目的是保身，使家族永续发展。一些家族为了家族的永续发展，把宽厚待人的理念融入家训族规当中。

清乾隆四十年（1775），《李氏家谱·家训上》载：

> 凡事存厚道，凡事留有余。②

清乾隆五十八年（1793），浙江《萧山吴氏宗谱·菉庵公家训》载：

> 人之在世也……惟有宽以待人，严以守己云耳。③

清道光二十年（1840），江苏宜兴《汪氏宗谱·宗训》云“居心宜忠厚”，因为

---

① 高仲治：《般阳高氏家模汇编》卷下，清乾隆三年刻本，山东淄川。

② 李源：《李氏家谱》卷九，清乾隆四十年刻本，察哈尔蔚县。

③ 吴其燡：《萧山吴氏宗谱》卷一，清光绪三十年爱敬堂木活字本，浙江萧山。

忠者不欺，厚者不薄，惟慎守家风，总有一种笃实勤恳之意，乃不失为忠厚。……吾人持躬，涉世忠厚，非以求福，天地每阴佑之。恶薄者，祸及其身，流毒下世。戒之！慎之！①

清光绪十年（1884），浙江《海宁朱氏宗谱·家范》载《岷左公配吴孺人遗训》曰：

处乱世与太平不同，只有外圆内方一法。以退为进，以怯为勇，以负为胜。非大忍耐人，不能几此。

又曰：

处世不可不谨，谨一刻便保身家一刻之安。居心不可不宽，宽一分便积子孙一分之福。②

清朝中后期，内外交困，社会动荡，一些家族更加强调宽厚待人的理念，并施以家规惩罚。如清光绪十六年（1890），安徽《寿州庞氏宗谱·家规惩恶十二条》提醒子孙当“忠厚传家”而“戒刻薄”。“倘执迷不悟，必公议罚处”③。

清光绪十六年（1890），浙江上虞《古虞高阳许氏宗谱·祖训》曾谈到“谦和”的重要性：

处世之道，第一要谦和，谦则虚心可以受益，和则怡色，勿致招尤。大凡人之惹祸，多起于言语。忌倨傲、忌尖刻，尤忌轻薄。遇有争端，须

① 汪熙等：《汪氏宗谱》卷一，清道光二十年义和堂刻本，江苏宜兴。
② 朱承祜等：《海宁朱氏宗谱》卷十四，清光绪十年刻本，浙江海宁。
③ 编者不详：《寿州庞氏宗谱》卷一，清光绪十六年本，安徽寿州。

平心和气，两面劝解，不可即止。[①]

除了前述较保守的处事哲学外，许多明清家训族规还非常重视积极作为的处事哲学，比如“积善”“积德”“恤孤寡、恤贫困”等，以期能积极地为自己，乃至为家庭、宗族带来福祉。

明正德八年（1513），安徽《休宁西门汪氏族谱》云：

凡立家业，须为子孙久远图，与其多积金帛田产，孰如多积阴骘，……积阴德遗后人。[②]

明万历元年（1573），《泽富王氏宗谱·宗规》载：

家之盛衰，系乎积善积恶而已。何谓善？恤寡怜贫而赒急，救灾拯难而资扶，居家孝悌而温和，处世仁慈而宽恕。凡济人利物之事皆是也。

明万历二十八年（1600），江苏苏州《苏城陈氏家谱·家训十条》曾谓：

种德树业，实惟贻谋。[③]

明天启四年（1624），河北《任邱边氏族谱》亦强调积阴德的重要性，认为：

盖天之助人为善也，至快至周，而无毫发之或悭；天之报人之恶也，至信至密，而无毫发之或漏。当起念时，即便检点，诸恶莫作，众善奉

① 许金高等：《古虞高阳许氏宗谱》卷一，清光绪十六年惠保堂刊本，浙江上虞。
② 汪尚和等：《休宁西门汪氏族谱》卷一，明嘉靖年间刊本，安徽休宁。
③ 陈昌年等：《苏城陈氏家谱》卷首，清同治九年刊本，江苏苏州。

行，久久必获吉庆，所谓祸福无不自己求之者。[①]

这也说明他们积善、积德的原因，在一定程度上受因果报应思想的影响，但毕竟对当时的社会具有一定的积极作用，促进了人心尚善。

清康熙九年（1670），《曹氏宗谱·旺川曹氏家训十则》“积阴德”条云：

夫无本之华，其荣不久；无源之润，其流不长。而本厚源深，则必视乎德矣。然所云德者，行道而得诸心，非如近世买物放生之谓。故阳市之，不如其阴积之也。凡存心举事，务公直宽恕，切勿自占便宜。常以利人济物为念，而又不求人知，不期天报，只见得道理合当如此。一切善行，虽小必为，久之，积累深厚，未有不发祥自身、昌大其后者。昔温公曰：“积金与子孙，子孙未必能守；积书与子孙、子孙未必能读。不若积阴德于冥冥之中，以为子孙长久之计。”[②]

清嘉庆元年（1796），安徽怀宁《皖怀邹氏宗谱·家训》“存阴骘”条载：

从来阴骘渺无际，须当随时着意行，天眼恢恢疏复漏，人功种种暗偏明，人传救蚁名卿绩，还着埋蛇宰辅荣，庆衍心田秋有望，好留一点子孙耕。[③]

清道光八年（1828），江苏丹阳《云阳仁济匡氏重修家乘·家训》“积阴德”条载：

① 边方晋等：《任邱边氏族谱》卷十九，清乾隆三十七年笃叙堂刻本，河北任邱。

② 作者不详：《曹氏宗谱》卷一，民国十六年刻本，安徽绩溪。

③ 邹全宗等：《皖怀邹氏宗谱》卷一，清嘉庆元年敦厚堂木活字本，安徽怀宁。

积阴德于冥冥之中，以为子孙长久之计。又云：阴骘可以延寿。诚能善不求知，恩不望报；病而无告者，医药之；死而无归者，掩埋之，陷于无辜之罪者，代赎之；遭不测之变者，哀恤之。随事应物，各施方便，则阴德无穷而后之子孙必昌寿而长久矣。①

清同治五年（1866），安徽潜山《太原王杨氏支谱·家训》“积德行”条云：

今人开口皆说积德。夫曰德，阴德也，非阳行也。曰积德，时存其德也，非一善也。……如遇冤枉，为人伸之；遇患难，替人解之。疾病者扶之，贫乏者恤之，拾遗物还之，举露骨埋之，无主古冢祀之，昆虫草木者皆不忍伤之。不伐己长，不言人短，皆所为积德也。阴德厚积，久自有福报。②

清同治十年（1871），浙江富阳《富春孙氏家谱·家训》“广阴德”条载：

寿之修短，子孙之贤不肖，皆天也。惟天至公至明，罪恶贯盈，则夺其年，灭其后矣。能善不求知，恩不求报；无所告者，为之医药；死无所归，为之衣棺；陷无辜之罪者，可赎与！可济与！开方便之门，广行阴德，必有获报于子孙者。③

清光绪十一年（1885），江苏武进《毗陵沙氏宗谱·逸冈公遗训要言》载：

---

① 匡启仁等：《云阳仁济匡氏重修家乘》卷一，清道光二十七年乐安堂木活字本，江苏丹阳。

② 王际春等：《太原王杨氏支谱》二十九卷，清同治五年敦睦堂刻本，安徽潜山。

③ 孙广俊等：《富春孙氏家谱》卷一，清同治十年三益堂木活字印本，浙江富阳。

人生先务，积德。钱财济困固是德，即语言劝解，亦莫非德。至于息人争讼，代人解纷，悉系造福之基。[①]

清光绪三十一年（1905），江苏武进《晋陵闸头刘氏宗谱·家规新增》亦云：

为人务要质实忠厚，积德事多做，刻薄事不可做。即至贵登仕版，尤不可怙势作威。或有非理相干，亦当以雅量容忍。如唐娄公唾面自干，宋李文靖公受狂生词辱而不少介意者，皆可以为法。[②]

四、肃闺门，重婚姻

一些学者在谈到处事时很少涉及婚姻问题。婚姻是一个家庭的开始，实际上也涉及夫妻如何处事问题，且这是一切处事的基础。没有夫妻的和睦处事，其他处事就无从谈起，我们必须正确看待婚姻问题。在笔者收集的明清族谱中，家训族规涉及家庭方面内容的统计见表4-3、4-4所示。由表可知，明朝族谱中的家训族规在家庭方面关注度较高的是闺阃和婚姻，清朝族谱中的家训族规在家庭方面关注度较高的是婚姻和节俭。这可以说明明清两朝对婚姻问题是十分重视的。

表4-3　明朝族谱中家训族规涉及家庭方面内容的统计

年号	篇数	明朝族谱中家训族规涉及家庭方面内容的次数										
		父子	兄弟	节俭	婚姻	教子	闺阃	丧葬	夫妇	仆婢	齐家	正名分
洪武	1				1	1		1		1	1	
永乐	1			1	1			1				
宣德	1				1			1		1		

① 沙仲沅等：《毗陵沙氏宗谱》卷二，清光绪十一年百寿堂木活字本，江苏武进。

② 刘开林等：《晋陵闸头刘氏宗谱》卷二，清光绪三十一年九如堂木活字本，江苏武进。

续　表

年号	篇数	明朝族谱中家训族规涉及家庭方面内容的次数										
		父子	兄弟	节俭	婚姻	教子	闺阃	丧葬	夫妇	仆婢	齐家	正名分
景泰	1			1	1	1				1		
成化	2											
弘治	2					1						
正德	1	1	2			1						
嘉靖	11			2	3	1	13	2				
隆庆	2		1		1							
万历	36	2	5	7	8	1	8	5	2	1		1
天启	3		2		1	1	1			1		1
崇祯	7		1	4	2	1	1	2				
合计	68	3	11	15	19	8	23	12	2	5	1	2

表4-4　清朝族谱中家训族规涉及家庭方面内容的统计

年号	篇数	清朝族谱中家训族规涉及家庭方面内容的次数										
		父子	兄弟	节俭	婚姻	教子	闺阃	丧葬	夫妇	仆婢	齐家	正名分
顺治	3				2		1	2				
康熙	40	1	6	18	17	17	9	8	5	2		3
雍正	4			1	1	1		1				
乾隆	62	2	13	17	22	14	11	16	7	8	1	
嘉庆	45		13	8	15	9	7	8	8	2		
道光	98	4	22	31	32	13	16	15	11	8	1	7
咸丰	6		1	1		2			1			1
同治	77	1	17	20	28	13	24	17	6	13	1	9
光绪	288	3	71	84	91	48	49	62	23	2		16
宣统	46	1	9	13	15	7	8	9	2		2	1
合计	669	12	152	193	223	124	125	138	63	35	5	37

明朝在婚姻方面首先强调的是“礼”。明洪武二十六年（1393），浙江吴兴《乌程风林严氏家谱》就谈到“婚嫁之礼”；明宣德二年（1427），浙江海盐《白苧朱氏宗谱·奉先公家规》就强调“婚礼”。而清朝在婚姻方面强调“睦”，重视对方的修养以及家庭的家风。

清道光十三年（1833），江苏丹徒《柳湖田氏宗谱·新增家训》“择婚姻”条载：

家道之败，每起于妇人。故婚姻之族，不可不择。古人云：求忠臣于孝子之门，则择淑女者断必于贤正之家。盖贤正之家，素闲礼教，稔文节义，清白之操性成，孝顺之德素定。况且祖父淳良则子女袭其正气，世代积善则子女借其余庆。他日迎归，必得贤妇以成内助。①

可见，明朝在婚姻方面强调“礼”，而清朝在婚姻方面强调“睦”，目的都是希望家庭内部和谐、和睦，只有这样才能更好地促进家庭的永续发展。

五、戒诉讼

在笔者收集的明清族谱中，家训族规涉及族事与其他方面内容的统计见表4-5、4-6所示。

表4-5　明朝族谱中家训族规涉及族事与其他方面内容的统计

年号	篇数	明朝族谱中家训族规涉及族事方面内容的次数								明朝族谱中家训族规涉及其他方面内容的次数				
		睦族	坟茔	祭祀	诉讼	祠堂	修谱	宗长	祭田	择师	交友	娱乐	国课	乡邻
洪武	1													
永乐	1			1							1			
宣德	1		1		1	1								

① 田忠明等：《柳湖田氏宗谱》，清道光十三年木活字本印本，江苏丹徒。

续 表

年号	篇数	明朝族谱中家训族规涉及族事方面内容的次数								明朝族谱中家训族规涉及其他方面内容的次数				
		睦族	坟茔	祭祀	诉讼	祠堂	修谱	宗长	祭田	择师	交友	娱乐	国课	乡邻
景泰	1			1		1					2			
成化	2													
弘治	2													
正德	1											1		
嘉靖	11	1	1	2	4						2			1
隆庆	2			1		1	1							
万历	36	4	7	7	12	4	2	1	3	2	8		2	2
天启	3		1			2	1			1	1		1	
崇祯	7	2	1	1	4	2				2	2			1
总计	68	7	11	13	21	10	4	1	3	6	8	1	3	4

表4-6 清朝族谱中家训族规涉及族事与其他方面内容的统计

年号	篇数	清朝族谱中家训族规涉及族事方面内容的次数								清朝族谱中家训族规涉及其他方面内容的次数				
		睦族	坟茔	祭祀	诉讼	祠堂	修谱	宗长宗子	祭田	择师	交友	娱乐	国课	乡邻
顺治	3													
康熙	40			1							1	1	2	3
雍正	4	1	2	2	1	1		1	1		2		3	
乾隆	62	7	9	15	19	10		3	5	9	23	3	6	11
嘉庆	45	3	11	11	2	7		1	6	3	14		4	4
道光	98	7	16	24	33	24	7	6	18	16	29	18	13	8
咸丰	6		3	4	2	4			1		1	1	1	
同治	77	6	33	23	37	35	4	7	14	14	18	14	9	12
光绪	288	33	47	92	104	79	10	13	35	42	79	4	24	25

续 表

年号	篇数	清朝族谱中家训族规涉及族事方面内容的次数								清朝族谱中家训族规涉及其他方面内容的次数				
		睦族	坟茔	祭祀	诉讼	祠堂	修谱	宗长宗子	祭田	择师	交友	娱乐	国课	乡邻
宣统	46	2	20	14	17	8		1	3	7	19		5	5
总计	669	59	141	186	215	167	21	33	84	85	186	46	67	68

据表4-5与表4-6可知，明清时期，在族事方面关注程度最高的是诉讼与祭祀，尤其是对诉讼的关注度甚至高于族事当中最重要的祭祀。明清时期人们排斥诉讼，不希望打官司，打扰家族的安宁，这也是明清家训族规始终强调“戒诉讼”的原因。

明嘉靖四十四年（1565），《绩溪积庆坊葛氏重修族谱》载：

争讼事不可轻举妄动，讼端一兴，即须费财。苟不用钱，则贪官污吏颠倒曲直，难以取胜。胜而费财，所损多矣。况遇劲敌，虽费财未必胜也。

清光绪十年（1884），安徽绩溪《荆川明经胡氏续修宗谱·祖训条约》载：

禁讼。争讼之端，多因小忿，因小以失大。……若恃富强，听唆诘告，必败其家。

第三节　戒慎之规

戒慎之规，如戒讼、戒赌博等条，实际上是修身的重要内容，也是促进人与人和谐的重要内容，目的是让族中子孙安分守命，以保持本族的永续发展。而明清族谱中的家训族规最担心的是子孙沾染赌博、酗酒等恶习。据表4-1，在笔者收集的68篇明朝家训族规中涉及赌博问题8次，涉及酗酒问题7次，可以说明朝时一些家族已经认识到赌博、酗酒的危害性，不得不把“戒赌博”“戒酗酒”写入家训族规，以阻止赌博、酗酒给族人带来危害。据表4-2，在笔者收集的669篇清朝家训族规中涉及赌博问题199次，酗酒问题66次，可以看出清朝比明朝更加关注赌博问题，清朝族谱编纂者更能认识到赌博对个人成长、家族永续发展的危害。从表4-2中还可以了解到，在整个清朝的历史发展过程，族谱中的家训族规都非常关注赌博问题。清中期以后，外国鸦片大量输入中国，一些国人开始吸食鸦片，给国人精神和生理上造成了很大伤害，甚至一些人因吸食鸦片导致家庭败亡，为此，一些家族在制定族谱时，把“戒鸦片”列入家训族规当中。

一、戒吃喝嫖赌毒等恶习

明清族谱中家训族规制定的目的就是保持家族血脉的永续发展，而为了家族的永续发展，一些严重影响家族永续发展的行为被明确禁止，违反者会被处以家法，甚至交给官府惩罚。明正德八年（1513），安徽《休宁西门汪氏族谱·高齐府君家训》载：

教戒其子，事父母至孝，侍长幼有礼，毋为赌博，毋为游戏，亲近好人，不习下流，孜孜为学，期取科第以荣其亲。[①]

明万历四十年（1612），江苏海安《虎墩崔氏族谱·族戒八条》“戒赌博”条载：

① 汪尚和等:《休宁西门汪氏族谱》卷一，明嘉靖年间刊本，安徽休宁。

赌博之为害不小。倾家产、坏心术、丧行止，甚则为盗为非，以致割恩伤爱，子弟一或犯此，未有不摧残破败前途覆辙，历历可数。①

明万历四十六年（1618），甘肃泾川《张氏宗谱·家戒》“禁赌博”条云：

士农工商各有定业，何得相妨。近有赌博之徒，荒废职业，如狂如梦，典衣罄产皆所不顾。若不严禁，何以教家。自今新正前半月及亲朋往来不在所禁，凡樗蒲局、戏牌钱一切赌博之具，并不许为，违者罚。②

明天启四年（1624），河北《任邱边氏族谱》“戒赌钱”条云：

凡人初赌时，只云解闷，又云小赌有何大害，不知小者大之基。赌钱初则失钱，钱尽则失物，物尽则破产。及至破产，上不能事父母，下不能容妻子。名为匪类，甚而卖子质妻，身居下品。此时悔之晚矣，能无惧乎！③

明朝把“戒赌博”列入家训族规的族谱所在地区主要集中在长江流域的江苏、安徽两省，由起初的家训，逐步引入族规，并加以惩罚，严禁赌博。一些家训族规还详细分析了赌博对个人、家庭、社会的危害。

从分布地区来看，清朝把“戒赌博”列入家训族规的族谱所在地区主要集中在江苏省，其次是安徽省。清朝中后期，族谱中家训族规有关“戒赌”的内容比例明显增加，且清朝对赌博开始加大了处罚力度。清顺治十八年（1661），安徽桐城《鹞石周氏尚义堂支谱·家规》“禁赌博”条云：

---

① 崔三锡等:《虎墩崔氏族谱》卷一，明万历四十年刻本，江苏海安。

② 张廷枋:《张氏宗谱》卷一，明万历四十六年刻本，甘肃泾川。

③ 边方晋等:《任邱边氏族谱》卷十九，清乾隆三十七年笃叙堂刻本，河北任邱。

子孙赌博无赖及一应违于礼法之事，家长度其不可容，会众罚拜以愧之。但长一年者受三十拜，又不悛，则会众而痛棰之；又不悛，则陈于官而放绝之。仍告于祠堂，于宗图上削其名，三年能改者，复之。[①]

此条款是《郑氏规范》条款的复制，可见《郑氏规范》对后世家训族规的影响，也反映了后世家族期望能有"郑义门"的昌盛。从此条款中，可见家训族规对子孙的处罚，在祠堂里"罚拜"，"会众而痛棰之"，"又不悛，则陈于官而放绝之。仍告于祠堂，于宗图上削其名"。可见处罚本着罚当其罪的原则，以致最后从家谱上"削其名"，这可以说是封建社会最重的处罚了，但仍然期望子孙能够改过自新。

清康熙二十二年（1683），山西平阳《洪洞薄村十甲王氏族谱·祖训·乐庄公垂训》云：

不许花酒赌博……凡我子孙着实遵守，如违此训，以不孝论。[②]

清康熙十年（1671），广东中山《义门郑氏家谱·荥阳郑氏家规》云：

严禁开场赌博及做戏诱赌之事。本乡亦称淳朴，今后敢有开场聚赌与压题做戏，引诱子弟局赌，即刻问官究治，愿到祠重责犯一次轻者姑听。[③]

清康熙二十四年（1685），湖北《蕲水两河毕氏六修族谱·闲家禁约》云：

① 周碧山等：《鹉石周氏尚义堂支谱》卷一，清光绪二十年木活字本，安徽桐城。
② 王楷苏等：《洪洞薄村十甲王氏族谱》卷八，清嘉庆二年刻本，山西平阳。
③ 郑希侨，郑藻茹：《义门郑氏家谱》卷一，清光绪十七年铅印本，广东中山。

赌博唱戏不务生理……不允入祠。①

清康熙二十六年（1687），江苏武进《晋陵奚氏宗谱》“戒赌”条云：

好赌者，始于游荡不务正业。好吃懒做，并无约束，其实病根中一“贪”字，贪乃贫之头，愈贪愈赌愈贫，愈贫不改游荡，渐渐流入匪类。谚云：“奸近杀，赌近贼，信哉！信哉！”②

清嘉庆十六年（1811），江苏武进《毗陵庵头吴氏宗谱·新增家训序略》“戒赌博”条载：

万恶皆起于赌博。赌近盗，奸近杀。耗散精神，呼庐书夜，祖父成业，由我败，儿女饥寒由我开。不孝不慈莫甚于此！失长幼贵贱之节，无怜悯愧耻之心，见利思攫，诡诈百端，语言粗鄙，举止放荡，人品由是丧失，心术于兹败坏，赢则贪多，不息输，则屡负必为以致忘家失业，沉迷不觉而甘为下流，以受人之诟詈甚至讼狱滋起，匪僻成群，奸淫内作，卒然殒命，赌之为害，其祸惨烈！③

清同治六年（1867），安徽合肥《吴氏宗谱·吴氏家规》“不准赌博”条云：

合族公议蒲博赌钱，本非正务，废时失业破产丧家其害深矣。至于出宝摇贪聚众引匪尤干法纪，祖宗以来，禁戒甚严，如有违禁故犯，以家法重处。④

① 毕开等:《蕲水两河毕氏六修族谱》首部卷下,清光绪三十年敦本堂木活字本,湖北蕲水。

② 奚应德等:《晋陵奚氏宗谱》卷一,清同治十二年衍庆堂木活字本,江苏武进。

③ 吴庆朝等:《毗陵庵头吴氏宗谱》卷二,清光绪六年至德堂木活字本,江苏武进。

④ 吴重仁等:《吴氏宗谱》卷一,清光绪六年刻本,安徽合肥。

清朝家训族规对“戒赌”行为产生的原因以及危害性作了充分分析，望族人远离赌博。且清朝家训族规有关戒赌的内容形式以家训教化为主，辅之以必要的家规惩罚，以达到教育惩罚的目的，以更好地维持家族的永续发展。

明清族谱家训族规对有关酗酒的危害性也进行了充分阐释，望族人“戒酒”，有的家族还规定了严厉的惩罚措施。明宣德二年（1427），浙江海盐《白苧朱氏宗谱·奉先公家规》云：

人家子弟，多以酗酒丧德。吾家除祭祀、散胙及奉宾劝酬外，子弟不得私饮。或饮于亲戚朋友之家，亦不得至醉。①

明万历四十年（1612），江苏海安《虎墩崔氏族谱·族戒八条》“戒嗜酒”条载：

夫酒乃享鬼神，燕宾客日用，所不可无者，贵用之，以礼饮之，以时而已！奈何饮食之人，甘心口腹，忘情礼教……致以醉乡为乐地，甚者以酒败仪丧德，致病亡身，致贫亡家，不顾父母妻子之养，安受宗族乡党之辱。宗人于此尤不可不深戒也。②

明天启四年（1624），河北《任邱边氏族谱》“禁吃酒”条云：

禁吃酒，非全然不吃酒也。吃酒有时，岁时、伏腊、喜寿、婚祭之日，何尝不吃酒，但不及乱耳。所云禁酒者，禁为士吃酒，不及时念书；为农吃酒，不及时耕种；为工吃酒，不专心利器；为商吃酒，不精力营谋。此等人一落酒局，忘却本业。酒后打人骂人，丑恶万端，以及持刀弄

---

① 朱显宗：《白苧朱氏宗谱》卷二，清光绪十五年刻本，浙江海盐。

② 崔三锡：《虎墩崔氏族谱》卷一，明万历四十年刻本，江苏海安。

杖，或至伤人招祸，有不可胜述者。醒后追悔，已无及矣，可不戒哉！[①]

清道光二十八年（1848），河南宁陵《宁邑张氏族谱·三世祖米脂公训诫》载：

勿嗜酒，狂药非佳味，能移谨厚性，化为凶险类。古今倾败者，历历皆可记。[②]

通过明朝家训族规“戒酗酒”“禁吃酒”条内容，可以了解到明朝的戒酗酒内容，具有典型家训特征，缺乏惩戒内容，这可能说明明朝喝酒不是非常流行，不具有普遍性。

清朝戒酒也是从教化开始，深入分析酗酒的危害性，劝族人不要在不适当的时候喝酒。

清康熙二十六年（1687），江苏武进《晋陵奚氏宗谱》“戒酒”条云：

酒当知节不可过饮。“酒”字从水，水能济人，亦能溺人。过饮则不惟乱性必至灭性。好酒者当戒之。[③]

清乾隆五十五年（1790），湖南宁乡《灰汤蒋氏族谱》“戒酗酒”条云：

范鲁公戒子书曰：“尔勿嗜酒，狂药非佳味，能移谨厚性，化为凶险类。”由是以观，酒之害之大矣。[④]

清嘉庆十六年（1811），《毗陵庵头吴氏宗谱·新增家训序略》“毋酗

① 边方晋等:《任邱边氏族谱》卷十九，清乾隆三十七年笃叙堂刻本，河北任邱。

② 张诗雅:《宁邑张氏族谱》不分卷，清道光二十八年刻本，河南宁陵。

③ 奚应德等:《晋陵奚氏宗谱》卷一，清同治十二年衍庆堂木活字本，江苏武进。

④ 蒋民奉等:《灰汤蒋氏族谱》册二，清乾隆五十五年刻本，湖南宁乡。

酒”条云：

献百拜，宾主礼成以合欢。虽曰：“无量而不及乱，至有缘。醉逞凶或斗狠以伤体，乘酒使气或争讼以破室，家忧父母，累妻子。沉湎无度废事失时，皆酗酒所必至之势。”①

清嘉庆十年（1805），安徽桐城《殷氏宗谱》“戒纵酒”条载：

古人有酒德，因由酒政，盖不可纵酒而无节也。若纵饮无节，成为好酒之徒，势必饮则醉，醉则乱，小则失言乱仪，大则行凶打，降祸胎所伏，多在酒中。且既无犯与人亦必有伤于己。重酒成病，沉痼难疗，以上而祖宗，下而子孙声望之身。一旦而命亡于酒，人亦何乐而至此，纵酒能勿戒哉！②

通过清朝家训族规可以了解到：酒可以使人丧德、丧礼、丧业、丧家、丧命等，危害性极大，但在一些特殊日子的饭席上少不了酒。清朝虽然通过家训教化、家规惩罚的方式劝族人不酗酒，但始终未能有效地杜绝酗酒现象。

清朝族谱家训族规的“赌博”惩罚比“酗酒”惩罚的力度要明显大一些。

清乾隆五十五年（1790），江西《临川李氏支谱·族规》云：

禁酗酒，犯者，次日开祠重责。

该族规同样规定了禁赌博的相关内容，其云：

① 吴庆朝等：《毗陵庵头吴氏宗谱》卷二，清光绪元年至德堂木活字本，江苏武进。

② 殷正焜等：《殷氏宗谱》卷一，清嘉庆十年世裕堂刻本，安徽桐城。

禁赌博，三犯者，族法惩戒，再不悛，送官究治。[①]

可以明显看出，同一族谱的族规对赌博与酗酒处罚的力度明显不一样，赌博屡次不改的惩罚明显要比酗酒严重，甚至“送官究治”。

清朝族谱中家训族规“戒酒色”的内容仍以教化为主，通过阐释酒色对家庭、对个人的危害性，来警示教育子孙不要沉迷酒色。

清康熙六十一年（1722），安徽怀宁《皖怀邹氏宗谱》“戒酒色”条云：

身罪居多淫莫犯，伤生不一。酒偏劳杯中曲乐，肠中毒，色内温柔腹内刀，淫我，我淫，淫莫爽醉人，人醉，醉号狂，夫纵欲来寻货，空负生平半世豪。

值得注意的是，根据《天津条约》中的有关规定，英法美三国胁迫清政府分别签订了《通商章程善后条约》，规定鸦片贸易合法化。鸦片的大量输入使许多人深感鸦片之危害，遂纷纷告诫子弟勿吸食鸦片。清咸丰八年（1858），广东《曲江张氏族谱·宗规》着眼于“本业须克勤无荒”的目的，规定：

丝弹竹吹，聚赌包娼，游手好闲，呷食鸦片，失时废事，衣食有饥寒之忧。[②]

清同治六年（1867），安徽合肥《吴氏宗谱·吴氏家规》特别规定“不准开设鸦片烟馆”，其条载：

---

① 李辉等:《临川李氏支谱》卷一，清道光十五年阳溪东素德房木活字本，江西临川。

② 张建孚等:《曲江张氏族谱》卷一，清咸丰八年铁城思远堂刻本，广东曲江。

合族公议，本村不准开设鸦片烟馆。兹再勒石垂后，永远禁戒，以后如有甘心作恶，违禁故犯，在本村地方开设烟馆者，除禀告究办外，生不准入谱，死不许入祠，租屋与人卖烟者同。[①]

这一方面说明此时鸦片的危害至少已经蔓延到中部，另一方面说明鸦片的危害性引起了很多人的抵制。清光绪十一年（1885），江苏无锡《夫椒李氏家乘·木庵公家言》“遏淫”条曾劝诫后人曰：

万恶淫为首，削科名，减禄寿，自来戒淫，因果之说，详哉言之。甚至争妒、斗杀、荡产、亡身可叹也。近更有鸦片遍行海内。此物来自外洋，其始用之，原藉以助行淫之乐，久而染之，虚气上腾，下元寒冷，视为不可一日无矣。近日破家丧命之事莫大于此。[②]

此条内容说明了鸦片危害的范围，“遍行海内”；鸦片的来源，“外洋”；起初目的，“以助行淫之乐”；吸鸦片后的症状，“虚气上腾，下元寒冷”，并形成长期依赖性，“不可一日无”；最后的危害性，“破家丧命”，这也充分说明了家训族规严禁族人吸食鸦片的原因。此外，许多家族也认识到了鸦片的危害性。

清光绪三十二年（1906），江苏丹阳《刘氏宗谱·族规》尝析论“鸦片宜戒”之因有五：

食鸦片一事……无论物干例禁，事犯明条，而贻害于身家，实过于砒毒。试历言之。常见人之好食此物，始而面瘦，继而肩扛，其足以伤命，一也。因酒助兴，因花作引，其足以耗材，二也。俾昼作夜，将夜作昼，其足以废业，三也。食每按候，无钱食则隐必不过，悌流腹痛，遂丧心以

① 吴重仁等：《吴氏宗谱》卷一，清光绪六年刻本，安徽合肥。

② 李怡廷等：《夫椒李氏家乘》卷一，清光绪十一年敦睦堂木活字本，江苏无锡。

谋不究，其足以鲜耻，四也。食多在夜，无伴食则情必不适，引类呼朋，或谈心以入卧室，其足致奸，五也。种种祸端难以枚举。凡我族人已食者，宜更旧辙，未食者宜鉴前车。①

刘氏族规详细痛陈了鸦片的危害，并细致地分析其原因，劝诫族人不要沾染鸦片。

若有子孙沾染恶习，家训族规应该如何惩治呢？笔者收集的明清族谱中，家训族规对沾染恶习者的惩罚见表4-7所示。

表4-7　明清族谱中家训族规对沾染恶习者的惩罚

时间	来源	惩戒条	惩罚内容
明万历十九年(1591)	《茗洲吴氏家记·条约》	戒赌博	博弈之类,或春间暇日,适情可也。但以此行赌,不免长争斗风,戒之
		戒禽兽行	淫纵所为,古人自为禽兽行,诚然矣。有犯此者,访出,当以官法重典治之。然于男则责坐父母,妇则责坐舅姑,或议罚,或议罪,决不当轻恕,以至败坏伦俗也
明万历年间	《虎墩崔氏族谱·族戒》	戒宿娼	不许入祠
清顺治十八年(1661)	《鹨石周氏尚义堂支谱·家规》	禁赌博	会众罚拜以愧之。但长一年者受三十拜,又不悛,则会众而痛棰之;又不悛,则陈于官而放绝之。仍告于祠堂,于宗图上削其名。三年能改者,复之
清康熙十二年(1673)	《毗陵周氏宗谱·家训》	戒赌博	开场聚众,及出外掷色者,杖三十,罚银一两
		戒饮酒	骂人打人,杖五十,罚银五钱。打骂尊长者,杖罚加倍
		戒好色	淫人妻妾不惟败俗伤风,而且杀身丧命,所关非浅。犯者杖三十,罚银十两
清康熙二十四年(1685)	《蕲水两河毕氏六修族谱·闲家禁约》	无	赌博唱戏,不务生理,奸淫人家妇女者,良心死尽,将来盗贼之阶也,不许入祠

① 刘宝珊等:《刘氏宗谱》卷三,清光绪三十二年五忠堂木活字版印本,江苏丹阳。

续　表

时间	来源	惩戒条	惩罚内容
清康熙三十五年(1696)	《长沟朱氏宗谱·祠规》	禁赌博	犯者重责四十板
清康熙四十三年(1704)	《横冈胡氏支谱·家规》	无	凡赌博、嬉游一切逾礼法之事,务宜谨戒。各家父兄亦须董敕教诲
清雍正十一年(1733)	《茗洲吴氏家典·家规》	赌博等	子孙赌博、无赖及一应违于礼法之事,其家长训诲之。悔之不悛,则痛棰之;又不悛,则陈于官而放绝之,仍告于祠堂,于祭祀除其胙,于宗谱上削其名。能改者,复之
		酒色	沉迷酒色,妄肆费用,以致亏损,父兄当核实罪之
清乾隆四十一年(1776)	《永兴张氏族谱·合族禁条》	禁赌博	不许开场赌博。如违,重罚不贷。在场赌博者,每名罚钱四千文
清嘉庆十七年(1812)	《黟县南屏叶氏族谱·祖训家风》	禁邪僻	族中邪僻之禁至详,而所尤严者赌博。赌博之禁,业经百余年,间有犯者,宗祠内板责三十
清咸丰九年(1859)	《湘阴狄氏家谱·家规》	无	博弈、饮酒,不务正业,败家之道,恒必由之。犯此者带祠重责
清同治六年(1867)	《潘氏典堂族谱·家规》	禁淫纵、赌博	有奸犯同宗妇女,其已成者重责出族。若奸状未成,调戏有据者,从重议处
清同治十二年(1873)	《武溪陈氏宗谱·家法三十三条》	好赌争斗	各决一十五下剥落……三年,改,则复用之
		醉酒	各责竹篦十下放
		淫于酒色	劈杖二十下剥落……归役三年。知过自改,复之
清同治十三年(1874)	《东粤宝安南头黄氏族谱·族规》	禁淫纵、赌博	有犯之,为家长者当力为之惩;不率,则经投族内尊贤,拘出祠警责;又不率,则送官究治
清光绪三年(1877)	《梁安高氏宗谱·家法》	聚赌	杖责罚跪
		族内奸淫、乱伦	明确者,男女并出,永不归宗
		族内奸淫	行迹未著,将男子逐革。若在外改过自新,仍许亲房保其回族归宗

续　表

时间	来源	惩戒条	惩罚内容
清光绪十年(1884)	《宁乡熊氏续修族谱·祠规》	赌博	赌博及一切动辄恃强统众等恶，责八十；犯至再者，满责
		酗酒	责二十或枷一月。该亲属谕令改行，恪守正业
		吃洋烟者	该房长传亲属、父兄捆送入祠，枷号一月。倘犹不改行，枷号三月，后必改悔乃止
清光绪十六年(1890)	《寿州庞氏宗谱·家规惩恶十二条》	戒赌博	有不务本业以赌博作生涯者，频犯则重责二十。若与族人共赌，长辈罚戏一台，幼辈领责。若与外姓人共赌，除将本人用家法责惩外，户长、族长同伊父兄，送官处治
		戒酗酒	初犯，户长严加劝勉，令对祖先立戒；再犯，罚戏一台；三犯，重责二十
		戒邪淫	有贪好女色、肆行淫恶者，干天地鬼神之怒，分别责惩。犯宿娼者，罚戏一台。与人妻妾和奸，责二十。若坏人闺门、败人名节及强奸等事，家法重责四十，复送官处治
清光绪十九年(1893)	《南海吉利下桥关树德堂家谱·家规》	戒淫	万恶以淫为首，若服属乖戾，除永远出族外，送官究办
		戒赌	有在乡设局，开场聚赌，无论大小均停胙二年。开设烟馆者罚同
清光绪二十二年(1896)	《楚黄朱氏支谱·家规》		族中子弟，如有挟优饮酒……该分长邀同族众，入祠告祖，请家法处治
清光绪二十三年(1897)	《绩溪东关冯氏家谱·家法》	奸淫乱伦	确凿有据者，男女并逐革，所生子女同
		开赌、宿娼、酗酒	重责
清光绪二十五年(1899)	《南关杨氏族谱·家规》	赌博	有开场聚赌，查实集聚在祠，重责二十，再犯闻官

续　表

时间	来源	惩戒条	惩罚内容
清光绪二十五年(1899)	《茅冈周氏族谱·家规·诫族规条》	戒赌	诱赌局,骗三分九扣,勒令捏写契数,私相按揭典卖,恃强欺压其人之父兄者,一经投诉,即集祠追还契券,交回本主,原价勿论。仍罚胙饮三年。其子弟私自揭卖者,重责三十板,革胙三年。房亲受贿私代签者,革胙三年。抗众不遵,即联名闻官究治
		戒淫	同族奸淫,证据明确,永远革出族。子蒸母,仆淫主者,投诸水火。其指奸跳害,污人名节,情虚反坐
		戒鸦片	开场聚赌,招食鸦片,倘恃冥顽故犯,不遵约束定行,闻官究治
清光绪二十七年(1901)	《维扬江都杭氏族谱·祠规二十二则》	禁嫖赌	嫖赌,犯者依律重究,再犯加倍。隐忍者罚,报者赏,轻重照犯之半。至童子抹骨牌,打钉掷果,乃赌博之渐,责罚其父兄教训之不严
清光绪二十七年(1901)	《映雪堂孙氏续修族谱·家法补略》	赌、烟、淫	赌局、烟馆,坏俗之原;花鼓、灯戏,诲淫之具。此等浇风,均宜禁革。着各房长清查报族,公同处罚,不得推诿,亦不得徇碍优容。倘其房长知而不报,除斥革外,另行处罚
清宣统二年(1910)	《上湘龚氏支谱·族规》	戒洋药	鸦片为妨碍营业、消费赀财之大端,现已悬为万禁。我族子弟如有违犯者,严加责罚。不服,禀究
清宣统三年(1911)	《仙石周氏宗谱》	淫秽逆伦	男女逐出永不归宗例
		初次行淫	幸事未成者。暂革祠胙,逐出,改过,取保归宗例

从表4-7中可以了解到：赌博行为在明朝家训族规中没有完全禁止，在一些特殊的日子，特别是在一些官宦之家，赌博作为娱乐消闲还是可以开展的，即使遭到处罚，也是比较轻的，一般是劝诫。而对纵淫行为则不然，处罚力度比较大，以律例惩治当事人，且还要给当事人家人惩罚。

明万历十九年（1591），安徽休宁《茗洲吴氏家记·条约》云：

> 淫纵所为……有犯此者，访出，当以官法重典治之。然于男则责坐父

母，妇则责坐舅姑，或议罚，或议罪，决不当轻恕，以至败坏伦俗也。[①]

纵淫者，不但要“以官法重典治之”，还要给男方的父母，女方的舅姑“或议罚，或议罪”。

对于“戒宿娼”也有严厉的惩罚措施。明万历年间，江苏海安《虎墩崔氏族谱》“戒宿娼”条规定：

族人蹈此罪者，族长责令速改，违者不许入祠。[②]

这可以说明明朝族谱对赌博和纵淫行为的处罚力度是不一样的，纵淫行为的处罚明显比赌博行为的处罚要重，以此维护家族传统风俗。

清朝族谱中的家训族规对赌博行为的处罚手段相比明朝而言是比较多的，处罚力度比明朝大，且处罚的人员范围较广泛。这从侧面反映了清朝赌博风气比明朝要盛行，且对家族的危害已经呈现，所以清朝一些家族的家训族规明显地加大了对族人赌博的惩罚力度。清朝家训族规对赌博的处罚手段有经济的处罚，如罚银、罚胙、罚戏；身体上的惩罚，主要有杖责、板责、痛棰等；另外还有送官究治、宗谱削名等处罚。有关罚银的惩罚主要集中在康乾盛世，身体惩罚、送官究治主要集中在清中后期，可见清中后期加大了对族人赌博的惩罚力度，以期遏制赌博的蔓延，以维护家族的财产和家族的永续发展。清朝家训族规对族人赌博的惩罚手段有时是单独使用，有时是合并使用，以达到惩罚的效果，特别是族人与外族人一起赌博时，对本族人的惩罚力度更大。

如清康熙十二年（1673），江苏武进《毗陵周氏宗谱·家训》云：

开场聚众，及出外掷色者，杖三十，罚银一两。[③]

① 吴瑞谷：《茗洲吴氏家记》卷七，明万历十九年刊本，安徽休宁。

② 崔三锡等：《虎墩崔氏族谱》卷一，明万历四十年刻本，江苏海安。

③ 周炳昌等：《毗陵周氏宗谱》卷一，民国二十四年新德堂木活字本，江苏武进。

由上可见，出外赌博不但要受到经济处罚，还要受到身体上的惩罚，甚至还会连累家族其他人员。

清光绪十六年（1890），安徽《寿州龙氏宗谱·家规惩恶十二条》“戒赌博”条载：

有不务本业以赌博作生涯者，频犯则重责二十。若与族人共赌，长辈罚戏一台，幼辈领责。若与外姓人共赌，除将本人用家法责惩外，户长、族长同伊父兄，送官处治。

可见清朝家训族规对族人之间的赌博和族人与外族人之间的赌博，惩罚力度是不一样的，与外族人之间赌博，不但要惩罚族人，还要将其户长、族长以及父兄送官处治。目的是禁止族人与外族人赌博，以防止家族的败落。越到清朝末期，对赌博的惩罚手段越严，多种手段并用，甚至送官惩处。

清朝康乾时期，对纵淫的惩罚力度明显没有明朝大，也没有清中后期的惩罚力度大，但清朝后期，加大了对污人名节行为的惩罚。清朝对有关纵淫行为方面的惩罚，分不同的情况，并视危害情况进行惩罚。惩罚的手段有经济处罚，如罚银、罚戏等；有身体上的惩罚，如杖责、罚役等；剥夺应享有的权利，如革胙等；还有逐革、永不归宗、不许入祠、送官等惩罚方式，甚至还有剥夺自由、剥夺性命的惩罚。清朝加大对纵淫行为的惩罚力度，一方面说明清朝社会根基已经腐朽，正在没落，另一方面说明清朝中后期的资本主义萌芽以及资本主义的生活方式已经对当时人们的生活方式和思想带来很大冲击，仅通过家训族规已经难以遏制人们的思想和行为，中国封建传统生活方式已经受到挑战。虽然家训族规加大了对纵淫行为的惩罚力度，但显得非常无力，因为当时家训族规存在的传统社会受到了资本主义生活方式的挑战。

特别是这一时期鸦片的大量输入，不但侵蚀着人们的身体，也腐蚀着人们的心灵，冲击着中国传统伦理道德。清代中晚期，一些家族已经认识到鸦片的危害性，必须予以惩处，以维持家族的永续发展。为此，一些家族的家训族规开始对吸“洋烟”进行惩处。惩处的方式主要是限制人身自由，如“枷号”、送官究治等。有的家族不但要对吸食者进行惩处，还要对其家长、族人进行惩处。

如清光绪十年（1884），湖南《宁乡熊氏续修族谱·祠规》规定：贪吃洋烟者，“该房长传亲属、父兄捆送入祠，枷号一月。倘犹不改行，枷号三月，后必改悔乃止”[①]。

清光绪十九年（1893），广东《南海吉利下桥关树德堂家谱·家规》载：

> 有在乡设局，开场聚赌，无论大小均停胙二年。开设烟馆者罚同。[②]

清光绪二十五年（1899），广东番禺《茅冈周氏族谱·家规·诫族规条》规定：

> 开场聚赌，招食鸦片，倘恃冥顽故犯，不遵约束定行，闻官究治。[③]

清朝家训族规对酗酒的惩罚比赌博、纵淫以及吸食鸦片的惩罚力度相对较小。从清朝族谱家训族规中的有关内容来看，饮酒一般不予惩罚，只是酗酒或者饮酒事后生事才给予惩罚。惩罚的手段有经济处罚，如罚银、罚戏等；有限制人身自由的惩罚，如枷号等；有身体惩罚，如杖刑、竹篦等；最严重的也就是罚劳役。

如清康熙十二年（1673），江苏武进《毗陵周氏宗谱·家训》“戒饮酒”条载：

---

① 作者不详：《宁乡熊氏续修族谱》卷八，清光绪十年本，湖南宁乡。

② 关蔚煌等：《南海吉利下桥关树德堂家谱·家规》，清光绪年间刻本。

③ 周锦章：《茅冈周氏族谱》卷一，清光绪二十五年周永思堂刻本，广东番禺。

骂人打人，杖五十，罚银五钱。打骂尊长者，杖罚加倍。

清咸丰九年（1859），湖南《湘阴狄氏家谱·家规》规定：

博弈、饮酒，不务正业，败家之道，恒必由之。犯此者带祠重责。

清光绪十年（1884），湖南《宁乡熊氏续修族谱·祠规》规定：

酗酒者，责二十或枷一月。该亲属谕令改行，恪守正业。

清光绪十六年（1890），安徽《寿州庞氏宗谱·家规惩恶十二条》“戒酗酒”条载：

凡我族人，有贪杯好饮不知撙节、致生事招愆者，初犯，户长严加劝勉，令对祖先立戒；再犯，罚戏一台；三犯，重责二十。

总之，明清家训族规对于违反此类恶习者，视其情节轻重，以改过自新、保持家族的永续发展为目的，采取不同的惩罚手段。

二、有关娱乐与休闲活动的限制

明清族谱中的家训族规对娱乐与休闲活动也做了相关的限制，见表4-8所示。

表4-8　明清族谱中家训族规对娱乐与休闲活动的限制

时间	来源	所在地	内容	惩罚
明洪武二十六年(1393)	《乌程凤林严氏家谱·家范》	浙江吴兴	不得引用下流、杂技,娱宾待客	家长罚之
			双陆、博奕之具,虫鸟之属	违者罚之
			俗乐、妓女、声色	
明弘治五年(1492)	《济宁文氏家谱·家训》	山东济宁	博奕、象戏、斗叶、呼卢一切杂技	一概禁绝
明正德元年(1506)	义门郑氏《家规辑略》	浙江金华	棋枰、双陆、词曲、虫鸟之类	弃绝
			不得养飞鹰猎犬,专事狭游;亦不许恣情取餍以败家	违者以不孝论
			不得目观非礼之书,其涉戏谑淫亵之语者,即焚毁之。妖幻符咒之属并同	无
明万历四年(1576)	《余姚江南徐氏宗谱·宗范》	浙江余姚	子弟年幼,不得令习棋枰、博戏之物,与鹰鸽之类,皆足以蛊惑心志,长其非僻之性,以至败家废业,此其渐也	无
明万历十九年(1591)	《茗洲吴氏家记·条约》	安徽休宁	我族喜搬演戏文,不免时屈举赢,诚为靡费。自今惟禁园笋并保禾苗及酬愿等戏,则听演,余自寿诞戏,尽革去	无
清康熙二十四年(1685)	《蕲水两河毕氏六修族谱·闲家禁约》	湖北	赌博唱戏,不务生理,奸淫人家妇女者,良心死尽,将来盗贼之阶也	不许入祠
清康熙二十六年(1687)	《毗陵庄氏增修族谱·丹吉公家训》	江苏武进	童子到识字,切不可令看小说,居家几案间,亦不可有此物	无
清康熙四十三年(1704)	《横冈胡氏支谱·家规》	安徽黟县	凡赌博、嬉游一切逾礼法之事,务宜谨戒	各家父兄亦须董敕教诲

续 表

时间	来源	所在地	内容	惩罚
清雍正十一年(1733)	《茗洲吴氏家典·家规》	安徽休宁	子孙进退,皆务尽礼,不得引进娼优,讴辞献妓,娱宾狎客,上累祖宗之家训,下教子孙以不善,甚非小失	违者,罚之
			棋枰、双陆、辞曲、虫鸟之类,皆足以蛊心惑志、废事败家	弃绝之
清嘉庆九年(1804)	《中井河东冯氏宗谱·家规》	安徽祁门	男子学业,务出于正,凡诸庸下,皆不可为。圣经[①]、贤传、礼、乐、射、御、书、数,此为正者。其次医卜、地理,或可以资身备用。乐惟琴可学,以其资德而养性,他如琵琶、箫管,一切俳优之类,切须禁戒,毋令习也。又如弈棋、摸牌、双陆、骰子,凡诸无益之事,既足以废学丧志,又足以荡产败家,为蠹之大者,后生尤宜痛绝之	禁戒
清乾隆二十一年(1756)	《吴氏宗谱·原谱家训》	江西南昌	恒舞酣歌,有一于此,家必丧,商书炯诫昭然。嗣后我族,惟祖神春傩及吉礼演戏,以度小唱繁嚣外,切禁在家长演,废时耗赀。况选择姣童,教畜梨园驻家,常演取乐,而狡俏浪子,妆饰愈妍,更百般抱板,调谑曲尽,风流软媚之态,最易撩欲诲淫。历验此种宦富人家,玷闺辱户无所不至。	无
清道光七年(1827)	《江氏宗谱·家范》	安徽桐城	梨园一流,全无正语,千状万态,无非供人姗哂。作之者奔趋,凑合奴颜而致款。看之者家筵,不顾失业以惫神。日连袂夜,比肩亲朋杂沓,内外不分,奸盗诈伪,从中窃发,种种酿衅,可戒孰甚	除责子弟外,重惩其父兄失教之罪

① 指四书五经。

续 表

时间	来源	所在地	内容	惩罚
清道光二十九年(1849)	《吴氏族规》	湖南岳阳	游傩戏一项，伤财亵神，有损无益。我先人从严禁革，具有深心。至于皮影、花鼓等类，尤为败俗伤风。嗣后均宜上体先人之意，下思日用之艰，永行停止。毋得藉端倡议，以兹流弊	不许妆扮历代帝王……违者杖一百。官民之家，容令妆扮者，与同罪。凡城市乡村，如有搭台悬灯，唱演夜戏者，为首者，杖一百，枷号一个月。不行查拏之地方保甲，照不应重律，杖八十
清同治十年(1871)	《磐溪施氏宗谱·家则》	浙江义乌	子孙不得涉猎淫词色曲与夫稗官小说、荡惑心思，以坏品行。且内外须分，出入不得混乱	慎之慎之
清同治十年(1871)	《磐溪施氏宗谱·家则》	浙江义乌	子孙不得蓄养禽兽，专世佚游，亦不许恣情酒肉，败乃家事	违者，作不孝论
清同治十年(1871)	《磐溪施氏宗谱·家则》	浙江义乌	子孙不得引诱倡优、歌妓、狎客，累祖宗之嘉训，误子孙于不孝，所失非轻	违者笞之
清光绪十一年(1885)	《灵泉许氏宗谱·淮守公两垞贻谋》	浙江海宁	演戏之俗，浙直为盛。不但金钱之耗，抑且奸盗之囮。海盐先达郑端简公构居，自矢永禁梨园，至今四世，遵守无改。典虽谫劣，窃思景行。	无
清光绪十二年(1886)	《山阴张川胡氏宗谱·家训》	浙江绍兴	玩好无益书画之类，饥寒皆不足恃，徒玩物丧志耳。立身总以崇实黜浮为第一义。	无
清光绪十八年(1892)	《宁乡陶氏四修家谱·家约》	湖南长沙	戒令子弟、奴仆学诸邪术及唱戏等事。	无
清光绪二十三年(1897)	《绩溪东关冯氏家谱》	安徽绩溪	弹词、小说最坏心术，切勿令其入目，见即立刻焚毁，勿留祸根。	无

明朝族谱中家训族规对娱乐与休闲活动的限制是非常多的，如技巧类的，杂技被禁止；棋牌类的，棋枰、双陆、博奕之具等被禁止；养宠物类的，养虫鸟、飞鹰、猎犬被禁止饲养；声音类的，如声乐、俗乐以及戏曲被禁止，非礼之书、词曲之书等被禁止，且禁止闲暇嬉游。而一些人仍然违背家训族规，偷偷开展活动，如被发现就要面对相应的惩罚。

明朝义门郑氏制定的《家规辑略》规定：

棋枰、双陆、词曲、虫鸟之类，皆足以蛊惑心智，废事败家。子孙当一切弃绝之。

并云：

不得养飞鹰猎犬，专事狭游；亦不许恣情取餍以败家。违者以不孝论。

又云：

不得目观非礼之书，其涉戏谑淫亵之语者，即焚毁之。妖幻符咒之属并同。

可见，明朝对进行娱乐与休闲活动者的处罚相对也是比较重的，甚至将一些书籍进行烧毁，以防止蛊惑心智，以至败家，目的仍是维持家族的永续发展。

清朝族谱中的家训族规对娱乐与休闲活动的限制更加广泛，处罚手段更加多样。特别是对小说之类的书籍，清朝许多族谱都把此书列入禁止之列。

《圣祖仁皇帝庭训格言》记载清康熙皇帝曾训示诸皇子曰："幼学断不可令看小说。"其理由是："小说之事皆敷演而成，无实在之处，令人观之或信为真，而不肖之徒竟有效法行之者。彼焉知作小说者，譬喻指点之本心哉！”在此影响下，一些家族在制定族谱时把此内容融入家训族规当中，以适应当时社会政治环境，维护家族的发展。

清康熙二十六年（1687），江苏武进《毗陵庄氏增修族谱·丹吉公家训》曾规定：

童子到识字，切不可令看小说，居家几案间，亦不可有此物。[①]

清朝族谱中的家训族规对戏曲的限制也非常严格。

清道光七年（1827），安徽桐城《江氏宗谱·家范》也曾训诫子弟“不可好梨园”，因：

梨园一流，全无正语，千状万态，无非供人姗哂。作之者奔趋，凑合奴颜而致款。看之者家筵，不顾失业以惫神。日连袂夜，比肩亲朋杂沓，内外不分，奸盗诈伪，从中窃发，种种酿衅，可戒孰甚。

并规定：

有学习梨园，不羞厚颜，而竟作游民者。除责子弟外，重惩其父兄失教之罪。[②]

清道光二十九年（1849），湖南岳阳《吴氏族规》“演戏宜禁”条云：

游傩戏一项，伤财亵神，有损无益。我先人从严禁革，具有深心。至于皮影、花鼓等类，尤为败俗伤风。嗣后均宜上体先人之意，下思日用之

① 庄怡孙等：《毗陵庄氏增修族谱》卷十九，清光绪元年刻本，江苏武进。
② 江国柱等：《江氏宗谱》卷一，清光绪五年爱山堂木活字本，安徽桐城。

艰，永行停止。毋得藉端倡议，以兹流弊。[①]

清朝对进行娱乐与休闲活动者的惩罚手段相对明朝较多，且还要对其父母进行惩罚。清朝族谱中的家训族规对进行娱乐与休闲活动者的惩罚手段有身体上的惩罚，如“杖刑”；有限制人身自由的惩罚，如“枷号”；还有“不孝论”等惩罚手段。

总之，明清时期被家族认可的娱乐与休闲活动极少，甚至一些家训族规会明确规定哪些是可以做的，哪些是不可做的。

清嘉庆九年（1804），《中井河东冯氏宗谱》云：

男子学业，务出于正，凡诸庸下，皆不可为。圣经、贤传、礼、乐、射、御、书、数，此为正者。其次医卜、地理，或可以资身备用。乐惟琴可学，以其资德而养性，他如琵琶、箫管，一切俳优之类，切须禁戒，毋令习也。又如弈棋、摸牌、双陆、骰子，凡诸无益之事，既足以废学丧志，又足以荡产败家，为蠹之大者，后生尤宜痛绝之。[②]

从《中井河东冯氏宗谱》可以了解到，男子除看一些正统的书籍，学医、学琴之外，举凡下棋、摸牌、双陆等活动，均以唯恐子弟“荒废学业”“废弛正事”“败坏家道”等原因而被禁止。

但清宣统二年（1910），《韩楚二溪汪氏家乘·文献宗训》云：

容步运动，体操嬉戏，如风鸢、蹴鞠、秋千、轩轾、弹棋、打毬、抛堕、吊线、解环、投壶、射覆、猜谜种种。唱和伦长，浅近大意。歌音辞曲，观演古今中外伦物、典故、传奇，玩识天地山川、动植器用、粗细诸图画。暇闲娱以莳艺华药、栽种蔬果，畜察鸡犬，养饲禽鱼，以颐陶情志。[③]

① 吴士迈等:《吴氏族规》,清光绪十四年景娄堂刻本,湖南岳阳。

② 冯光岱等:《中井河东冯氏宗谱》卷一,清嘉庆九年木活字本,安徽祁门。

③ 汪衍桎:《韩楚二溪汪氏家乘》卷二,清宣统二木活字本,安徽祁门。

这说明，清朝晚期一些原先禁止的娱乐与休闲活动，又被一些家族重新解禁，以适应时代发展的需要。

第四节　有关鼓励子孙学习的规定

一、明清家训族规非常重视子孙读书

（一）尚读书的社会风气得到引领

在中国传统社会，人们抱着“万般皆下品，惟有读书高”的思想把读书至上的风气在社会上高高扬起，这一点是令人赞许的。读书的风气在社会上得到了传播，这在明清族谱家训族规中有充分的体现。

明嘉靖四十四年（1565），安徽《绩溪积庆坊葛氏重修族谱·家训》云：

故凡子孙，不可不使读书。……苏子云：无肉令人瘦，无竹令人俗。无竹犹未俗也，无书则必俗矣。人求免于村俗，不可一日无书。[①]

清嘉庆十七年（1812），《金城颜氏家谱》“训读”条所云：

“世间何事最乐？”曰：“读书最乐。”设有进而问之曰：“世间何书最当先读？”曰：“《小学》《四子书》《五经》《通鉴》《性理》。此中有次序，须要不凌躐、不遗漏。熟此数者，其他可徐及也。……今之学者，亦知读

① 葛文简：《绩溪积庆坊葛氏重修族谱》卷三，明嘉靖四十四年刻本，安徽绩溪。

《小学》《四书》《五经》《性理》《通鉴》，然徒事呫哔、工帖括，以钓声名，取利禄，其于古昔圣贤教人为学之意不合矣。吾宗子孙，其知所尚也。”①

清光绪二十三年（1897），《绩溪东关冯氏家谱》“兴文教”条云：

子孙才，族将大。……一族之中，文教大兴，便是兴旺气象。②

清宣统三年（1911），《仙石周氏宗谱》“重诗书”条云：

诗书所以明圣贤之道，本不可不重。况一族子弟，无论将来读书成名，即农工商贾，亦须稍读书本，略知礼义。③

明清家训族规重视子孙读书，在当时使读书风气得到了很好地传播，并把家族的“文教大兴”看作是家族兴旺的源泉，这在当时都具有积极的意义。

综上，明清族谱中家训族规大兴读书之风，认为读书不拘泥于入仕，关键是明礼义，把明圣贤之道作为读书首要目的，且认为不管从事何种职业，都要把读书作为第一要务，农工商贾也需要读书，打破了一贯的读书为了入仕的目的。

（二）不拘泥辞章，把握书中要义的读书方法得到实施

在中国社会发展过程中，中国古人不但重视子孙的教育问题，而且非常重视子孙学习的方法，包括读书的方法，这从明清族谱家训族规的一些内容中得到了充分证实。

---

① 颜锡等：《金城颜氏家谱》卷三，清嘉庆十七世孝堂刻本，甘肃兰州。

② 冯景坡等：《绩溪东关冯氏家谱》卷首，清光绪二十三年木活字本，安徽绩溪。

③ 周善鼎：《仙石周氏宗谱》卷二，清宣统三年善述堂刻本，安徽绩溪。

明太祖朱元璋赐封为“江南第一家”的“义门郑氏”编写的《郑氏规范》，是维持这个家族生存和发展的“思想利器”，其中规定：

子孙为学，须以孝义切切为务。若一向偏滞辞章，深所不取。此实守家第一事，不可不慎。

由上可知，《郑氏规范》明确规定读书学习不要拘泥于一个字、一个词甚至辞章，而要把握里面的本质内容。郑氏对子孙不拘泥于辞章的学习要求，对明清一些家族制定有关的家训族规产生了很大的影响。

清雍正九年（1731），安徽歙县《潭渡黄氏族谱·家训》载：

子孙为学，须以孝悌礼义为本，毋偏习词章，此实守家第一要务，不可不慎。

甚至一些家族把要诵读、讲贯、涉猎的书籍明确列出来，让子孙在规定的时间内，以不同的方法读完，以丰富子孙的知识面，不拘泥于科考。

清光绪二十三年（1897），安徽《绩溪东关冯氏家谱》“附录：陆世仪先生论读书法”中载：

十年诵读：《小学》《四书》《五经》《周礼》《太极通书》《西铭纲目》及古文、古诗、各家歌诀。

十年讲贯：《四书》《五经》《周礼》《性理》《纲目》《本朝事实》《本朝典礼》《本朝律令》《文献通考》《大学衍义》及天文书、地理书、水利农田书、兵法书、古文、古诗。

十年涉猎：《四书》《五经》《周礼》《诸儒语录》《二十一史》《本朝实录》及典礼律令诸书、诸家经济类书、诸家天文、诸家地理书、诸家水利农田书、诸家兵法、诸家古文、诸家诗。

这对子孙的成长成才是至关重要的，因为当时的人们已经充分认识到：

四时代谢，人事递更。今日所称为子弟，即异日之当家理事者也。但观一族子弟皆好，即决其族之必兴；但观一家子弟皆好，即决其家之必兴。①

（三）把明义理的读书理念放到重要地位

明清时期非常重视读书，且认识到读书不仅仅为入仕，还可以使人明义理，这在“万般皆下品，惟有读书高”的封建社会是难能可贵的，但最终目的仍是维持家族的永续发展，这种读书理念在明清族谱家训族规中有充分的体现。

明嘉靖四十四年（1565），安徽《绩溪积庆坊葛氏重修族谱·家训》云：

惟知读书，则识义理。凡事之来，处置得宜，如游刃解牛，自有余地。其上焉者，可以致身云霄，卷舒六合；下焉者，亦能保身保家，而规为措置，迥异常流，自无村俗气味。②

清雍正九年（1731），安徽歙县《潭渡黄氏族谱·家训》载：

子孙为学，须以孝悌礼义为本③

清道光元年（1821），安徽祁门《锦营郑氏宗谱》载：

① 冯景坡等：《绩溪东关冯氏家谱》卷首，清光绪二十三年木活字本，安徽绩溪。
② 葛文简：《绩溪积庆坊葛氏重修族谱》卷三，明嘉靖四十四年刻本，安徽绩溪。
③ 黄元豹等：《潭渡黄氏族谱》卷四，清雍正九年刻本，安徽歙县。

凡我良民，必须诵读诗书，以法圣贤。[①]

明清族谱中的家训族规能够认识到读书明义理，农工商贾亦须读书的思想，这在中国封建社会是值得称赞的。

（四）助族人读书的风气得到传承

明清时期一些家族为了家族的永续发展，非常注重族内子弟的教育问题，设置义田或资助族内子弟读书，以光耀祖宗。

明万历二年（1574），《重印新安大阜吕氏宗谱·桑园祭祀规》云：

子孙笃志好学，发愤芸窗，家贫不能自振，族众作兴赈给，以励上进。[②]

清乾隆三十九年（1774），《淳源饶氏重修族谱·祖训》“经书必读”条云：

夫贫富虽有不齐，经书不可不读……即单寒之家，兄弟数人，亦须着一人读书，力或不足，众兄弟合相帮助，果其奋志努力，显扬有日，富未必不自贵生，又岂终贫乎哉。汉时语曰：“黄金满籯，不如教子一经。”[③]

清乾隆五十二年（1787），浙江遂安《河间郡章氏宗谱·家训十二条》“贵读书”条云：

伦纪敦矣，宗族睦族。学之不讲，无以成其的。务德成名立，显亲耀

① 郑道选：《锦营郑氏宗谱》卷末，清道光元年敦伦堂木活字本，安徽祁门。

② 吕仕道编修，吕龙光重刊：《重印新安大阜吕氏宗谱》卷五，明万历二年修，民国二十四年刻本，安徽休宁。

③ 饶玉清：《淳源饶氏重修族谱·祖训》，清乾隆三十九年刻本，安徽旌德。

族，彬彬儒雅，始不失大家风范。所谓要儿孙读书者，此尔吾族祖先，原有津贴旧例，故必设立条规，每逢应试，祠与各祀津贴盘费；入泮，给贴衣顶银两；三年打比，能科甲者，务必加倍，以鼓后学者，有志者勖诸。①

清光绪三年（1877），安徽绩溪《梁安高氏宗谱·祖训》“兴文教”条云：

四民皆是正业。然不读书则不知礼义，故凡为农、为工，皆当读书。虽不望成名，亦使粗知礼义，不至为非。至于子弟佳者，则为之读，使家贫无力，宗族宜加意培植。②

清光绪二十三年（1897），《绩溪东关冯氏家谱》“兴文教”条云：

子孙才，族将大。族中果有可期造就之子弟，其父兄即课之读书。倘彼家甚贫，须加意妥筹培植，昔郑左丞设里塾以教族中子弟，极为良法。

二、“端蒙养”理念深入民心

《易》曰：“蒙以养正，圣功也。”中国传统社会认为，培养孩子纯真无邪的品质应从幼年时期开始，这对孩子良好品德的形成至关重要，这种理念在明清家训族规中得到了充分体现。

明万历四十年（1612），《虎墩崔氏族谱》“端蒙养”条云：

父母之心，未有不爱其子者。爱之则必教之，教而不失其时者，爱之

① 章启昆：《河间郡章氏宗谱·家训十二条》，清乾隆五十二年木活字本，浙江遂安。

② 高美佩等：《梁安高氏宗谱》卷十一，清光绪三年木活字本，安徽绩溪。

至也。当于情窦未开时，便示之好恶以定期趋。养之以正，以端其始善，则引之进之；不善，则沮之，抑之，使弗渐以恶习，弗渎以非义，又必为之延师。择友以熏陶之，使所闻所见皆孝弟忠信之行，则为之子者将日迁于善而不自知也，斯非善教与彼或愚痴。父母怜其稚小，纵其所欲，养气凶狠之性及长多作非为，有玷宗祖，岂尽子之罪哉！良由失教故耳。吾宗人其慎之乎！①

明万历四十六年（1618），甘肃泾川《张氏宗谱·家训》在“端蒙养”条云：

古人胎教不可望矣，蒙养不可不慎也。必能言，常示毋诳；能立，教之正方。教他莫顽戏，莫爱财，养其节也；教他莫伤生，莫折枝，养其爱也；即席饮食，必候长者，养其让也；以孝弟忠信礼义廉耻，以养其心；教以洒扫、应对、进退，以养其身；教以忠孝诗章歌咏，以养其性情。②

明崇祯四年（1631），《休宁叶氏族谱·家规》“豫蒙养以兴家”条云：

按《内则》，有胎教，又有能言之教，八岁有小学之教，十五岁有大学之教，是以子弟易于成材。今俗教子弟者，上者柬教之作文，取科第功名止矣，功名之上，道德未教也；次者教之杂字、柬笺、算法，以便商贾；下者教之状词活套，为他日刁猾之地，是虽教之，实害之矣。吾族中父兄须知，子弟之当教；又须知，教法之当正；又须知，养正之当豫。蒙养既端，则子弟成立，而家未有不兴矣。故欲兴家者，不可不豫蒙养。③

清康熙九年（1670），《曹氏宗谱·旺川曹氏家训十则》“端蒙举”

① 崔三锡等：《虎墩崔氏族谱》卷一，明万历四十年刻本，江苏海安。

② 张廷枋：《张氏宗谱》卷一，明万历四十六年刻本，甘肃泾川。

③ 叶文山等：《休宁叶氏族谱》卷九，明崇祯四年刻本，安徽休宁。

条云：

《易》曰："蒙以养正，圣功也。"言教之贵豫也。子生五岁，便当令入乡塾，穿深衣，作长揖，坐立进退，教以儒者风度。凡《孝经》《小学》诸书，先令熟读，日讲古人故事，以端其志趣。久则少成若性，异日必为伟器。若幼时姑息，纵其嬉游，荡其心性，恐胎子已坏，培养无基，长大虽欲教之，无论抗悍不训，即稍知悔悟，终是少年习气未除，难以语于圣功之正矣。[①]

通过明清家训族规可以了解到：爱子女，而须教子女，教子女应从幼时始，且把子女的品德教育放到第一位，使之成人，因蒙易养正也。

三、择师重教的风气得到发扬

中国有择师重教的传统，明清时期这一传统得到了大力传承与发展。这在明清族谱家训族规中有充分体现。

明朝初年，浙江海盐《白苧朱氏宗谱·奉先公家规》载：

每年延敦厚博学之士，隆礼家塾，馆于耕云堂，以教子弟。又必择乡邻可与其学者，为子弟伴。[②]

清康熙九年（1670），《曹氏宗谱·旺川曹氏家训十则》"尊师道"条云：

善养子者，必厚其阿保；善教子者，必重其师傅。师道不所尊，而欲

① 作者不详：《曹氏宗谱》卷一，民国十六年刻本，安徽绩溪。

② 朱显宗：《白苧朱氏宗谱》卷二，清光绪十五年刻本，浙江海盐。

子弟之成，难矣。①

清光绪三年（1877），安徽绩溪《梁安高氏宗谱·祖训》“兴文教”条云：

子弟佳者，则为之读书，使家贫无力，宗族宜加意培植。②

清光绪十年（1884），《荆川明经胡氏续修宗谱》“教子”条云：

“子以传后，为子者，不可不教以义。方幼稚，即要择师，端其蒙养。③

四、读书的关键是尚德、崇礼

明崇祯四年（1631），《休宁叶氏族谱·家规》“豫蒙养以兴家”条云：

今俗教子弟者，上者教之作文，取科第功名止矣，功名之上，道德未教也。④

一些人把追逐功名作为读书的首要目的，而置道德于不顾，《休宁叶氏族谱》对此提出严厉批评，认为读书的关键是尚德，在当时能够认识到这一点是难能可贵的。《休宁叶氏族谱·家规》“教诗礼以传家”条云：

以诗礼传家，岂徒教后世诵诗书、习礼教、取功名而已哉？夫子庭训，不外《诗》《礼》二者，曰：“不学诗，无以言；不学礼，无以立。”

① 作者不详：《曹氏宗谱》卷一，民国十六年刻本，安徽绩溪。
② 高美佩等：《梁安高氏宗谱》卷十一，清光绪三年木活字本，安徽绩溪。
③ 胡学先等：《荆川明经胡氏续修宗谱》卷一，清光绪十年五义堂木活字本印本，安徽绩溪。
④ 叶文山等：《休宁叶氏族谱》卷九，明崇祯四年刻本，安徽休宁。

又曰："兴于诗，立于礼。"则诗礼之系于人甚重。……故欲传家者，不可不教诗礼。[①]

读书的关键是明礼。

清乾隆三十年（1765），湖南《邵陵桐江赵氏族谱·规训》"笃诵读"条云：

士列四民之首。所贵乎读书者，为其能明理识大义也。[②]

清乾隆三十九年（1774），《淳源饶氏重修族谱·祖训》"经书必读"条云：

读书以明理，不专为科第计，而科第即由此出，巨姓大族科第联绵，远以黼黻国家，近以光荣闾里，未有不从读书中来者。……汉时语曰："黄金满籝，不如教子一经。"旨哉斯言乎，人可不读书乎。如不读书则不知礼义，不知礼义何以为人，此昔之人致叹乎"马牛而襟裾"也，愿世世无忘此训。[③]

清光绪三年（1877），安徽绩溪《梁安高氏宗谱·祖训》"兴文教"条云：

四民皆是正业。然不读书则不知礼义，故凡为农、为工，皆当读书。虽不望成名，亦使粗知礼义，不至为非。[④]

① 叶文山等：《休宁叶氏族谱》卷九，明崇祯四年刻本，安徽休宁。
② 赵详壁等：《邵陵桐江赵氏族谱》，清乾隆三十年木活字本，湖南邵阳。
③ 饶玉清：《淳源饶氏重修族谱》，清乾隆三十九年刻本，安徽旌德。
④ 高美佩等：《梁安高氏宗谱》卷十一，清光绪三年木活字本，安徽绩溪。

清光绪十年（1884），《荆川明经胡氏续修宗谱》“教子”条云：

子以传后，为子者，不可不教以义。[①]

清宣统三年（1911），《仙石周氏宗谱》“重诗书”条云：

诗书所以明圣贤之道，本不可不重。况一族子弟，无论将来读书成名，即农工商贾，亦须稍读书本，略知礼义。凡请先生，第一要有品行老成之人，礼貌必须周到。凡读书人受恩不可忘，无恩不可怨，不可恃才学而傲慢乡党，不可挟绅衿出入衙门。如果品学都好，就不发达，一样有光门户。[②]

① 胡学先等:《荆川明经胡氏续修宗谱》卷一，清光绪十年五义堂木活字本印本，安徽绩溪。

② 周善鼎:《仙石周氏宗谱》卷二，清宣统三年善述堂刻本，安徽绩溪。

附录一：明朝族谱规训

序号	年份	篇目	出处	内容/体例形式
01	1393	《家范(洪武二十六年)》	严登等:《乌程凤林严氏家谱》卷首,清乾隆九年刻本,浙江吴兴	报本敬先、齐家之本、导善改过、加冠之礼、婚嫁之礼、丧葬之礼、保守家业、治生务本、出纳财物、冬夏服饰、家众饮馔、训教童稚、长幼伦序、分别嫌疑、防范切要、任用执事、私擅置积、亲宾往来、败度无益、警戒为善、淫祀无福、怜恤乡族、雇用婢仆、遵守家范/条文详分项目规训
02	1418	《溧阳宗谱家范(永乐十六年)》	史在矿等:《史氏谱录合编》卷一,清康熙三十二年刻本,浙江绍兴	居家十条(内外、宗庙、家塾、家法、家谱、婚姻、丧葬、异端、祭祀、节用)、处己五条(读书、衣冠、饮食、起居、货财)、接物四条(族有义、乡有约、友有德、政有惠)/条文未详分项目规训
03	1427	《奉先公家规(宣德二年)》	朱显宗:《白苧朱氏宗谱》卷二,清光绪十五年刻本,浙江海盐	酗酒、置妾、衣服勿过奢、词讼、冠礼、婚礼、丧礼、祭礼、墓祭、延师、宜修省、勿违制、珍藏故物、力本业、妇道、尊卑、祠堂、仆人/条文未详分项目规训

续 表

序号	年份	篇目	出处	内容/体例形式
04	1450	《家范(景泰元年)》	顾鼎勋等:《顾氏族谱》卷二,清康熙四十四年务本堂写本,江苏苏州	表世系、示敦睦、严嗣续、劝孝友、重家长、计修齐、劝力学、示女教、重冠礼、严娶妇、定婚期、禁过奢、重丧礼、立祠堂、严祀先、禁妄祭、严礼节、劝同居、示妇教、惩不肖、严交友、劝勤俭、立家道、戒轻薄、励学业、遵大礼、处富贵、处贫贱、禁烧香、禁六婆、处婢仆、尽丧事/条文详分项目规训
05	1477	《康敏公家训(成化十三年)》	白兰昌等:《晋陵白氏宗谱》卷首,清光绪元年仁荣堂木活字本,江苏武进	敬祖宗、重懿亲、睦宗族、笃亲亲、勤治生、修学业/条文详分项目规训
06	1482	《规范》	程敏政:《程氏贻范集》卷上,明成化十八年刻本,安徽	立祠堂、祭祀、报本、祭田、教子孙、坟茔、朗诵男女训诫、家长、家产、戒赌博、掌事、典事、监视/条文详分项目规训
07	1492	《家训》	文殿楷等:《任城文氏家谱》,明弘治五年本,山东济宁	首孝亲、敦同气、谨内则、重教子、勉进修、善处家、慎交游、严官守/条文详分项目规训
08	1496	《家训(弘治九年)》	范德峻等:《古虞金罍范氏宗谱》,清光绪十年刊本,浙江上虞	德行相劝、事业相勉、过失相规、礼俗相接/条文详分项目规训
	1534	《继昌公规约八条(嘉靖十三年)》	范德峻等:《古虞金罍范氏宗谱》,清光绪十年刊本,浙江上虞	载谱、祀田、宗祠宗谱、睦族敦伦、恤孤寡、戒讼、族长、坟茔/条文详分项目规训
	1537	《申明家训(嘉靖十六年)》	范德峻等:《古虞金罍范氏宗谱》,清光绪十年刊本,浙江上虞	谱牒相承、祭祀相敬/条文详分项目规训

续 表

序号	年份	篇目	出处	内容/体例形式
09	1513	《高齐府君家训(正德八年)》	汪尚和等:《休宁西门汪氏族谱》卷一,明嘉靖年间刊本,安徽休宁	吾知四子所不为吾累者,虽不能取功名富贵以荣其亲,而皆能勤于生理,随分有成,亦粗足以慰吾心。而吾心之所望者,更命兄弟怡怡,起相爱敬心,不萌忌恨心。见彼之子犹视己子,虽然异家而犹视一家。兄弟中有稍遂意事,则更相称是;有所行未是事,则力相规正。有患难则相救恤,有疾病则相扶持,共立门户不为外侮。而又皆能教戒其子,事父母至孝,侍长幼有礼,毋为赌博,毋为游戏,亲近好人,不习下流,孜孜为学,期取科第以荣其亲。性弗明者,使之治生理,以裨其家。而后无负于平生所望之意云/单篇式规训
10	1527	《训诫·鹤溪公遗嘱(嘉靖六年)》	庄怡孙等:《毗陵庄氏增修族谱》卷十九,清光绪元年刻本,江苏武进	夫遗嘱者祖父为身后子孙息争虑也。今之不古若也。惟以财产是务,而仁义礼让之风于是乎熄矣。余虽忝科第,方居官也。贪贿之心绝无,天、人共鉴及居家也。谋利之心又拙,乡邦共知。以故薄田不过数亩,弊庐不过数椽,家口子孙衣食之需均此焉/单篇式规训
11	1529	《四训八戒(嘉靖八年)》	来秉奎等:《萧山来氏家谱》卷首,清光绪二十六年会宗堂木活字本,浙江萧山	宗庙坟墓、睦族、谨言慎行、周贫恤匮、勿绝书香、择友、祭祀、勤慎守成、勿自以为是、方乐思忧、耕读、应役钱榖/条文未详分项目规训

续 表

序号	年份	篇目	出处	内容/体例形式
12	1549	《家规(嘉靖二十八年)》	程启瑞等:《皖怀程氏支谱》卷一,清道光十九年四箴堂木活字本,安徽怀宁	敦孝弟、正内外、尊坟茔、慎婚姻、训子孙、崇勤俭、谨国税、严劝惩、息争讼、置义田、怜孤寡、睦邻里、举户长、勤祭扫、兴义学、理公赀、肃闺门、慎择术、举废嗣、勤树艺/条文详分项目规训
13	1552	《条规(嘉靖三十一年)》	嵇世臣等:《琏溪嵇氏宗谱》第一本,清道光二十五年木活字本,浙江归安	遵祖训、立家庙、时祭祀、丧葬礼、合族/条文详分项目规训
14	1554	《祖训家范十条(嘉靖三十三年)》	严仕仁:《京江小沙严氏宗谱》卷一,清光绪三十一年活字本,江苏镇江	敦孝友、睦宗族、勤生业、节财用、戒争讼、戒倚势、崇典礼、远佛老、别男女、重家学/条文详分项目规训
15	1558	《忠勤公家训(嘉靖三十七年)》	王之垣等:《大槐王氏念祖约言世记》卷上,明崇祯年间刊本,山东桓台	训子德业(所存者必皆道义之心……所行者必皆道义之事……)训子举业(所友者必皆读书之人,非读书之人,勿汝友也,远之……)金石至言(夜间读书,二鼓睡,五鼓兴,五日一次作文,四篇,日日不废,年年不废……)/条文详分项目规训
	1604	《司徒公家训(万历三十二年)》	王之垣等:《大槐王氏念祖约言世记》卷上,明崇祯年间刊本,山东桓台	禁士夫说事甚严,且闻各省抚按,例有访察,各宜谨守安分,只求平安便是福。象贲、象晋,万无管人闲事累我,累我是汝等自累也。户内人亦宜听悉,各求安静为妙。如亲友有以事相托者,以实告之。既朝廷有禁例,想亦不怪也。此言,贲、晋粘之壁上自警。信我言则为孝子,不信我言,则为不孝子矣。戒之!省之!/单篇式规训

续 表

序号	年份	篇目	出处	内容/体例形式
16	1565	《家训》	葛文简:《绩溪积庆坊葛氏重修族谱》卷三,明嘉靖四十四年刻本,安徽绩溪	积善、涵养、治生、志气、为人着想、戒听妇言、以和为贵、不请求富贵功名;多读书、戒诉讼、急流勇退、教育子孙、慎嫁娶、肃闺门、择友、节俭/条文未详分项目规训
		《家规》	葛文简:《绩溪积庆坊葛氏重修族谱》卷三,明嘉靖四十四年刻本,安徽绩溪	规凡八条,前三条规之言,后五条规之以罚。重嫁娶、父母之丧,固宜自尽、戒争讼、祭祀必躬必亲、坟茔、戒盗葬、管事、财谷经管/条文未详分项目规训
17	1570	《家规》	俞文耀等:《俞氏统宗世谱》卷一,明隆庆四年抄本,安徽	正心、兄弟、夫妇、朋友、择婚、祭祀、明师、宗族、守节、立嗣、奸盗、男外女内、丧葬、惩戒/条文未详分项目规训
18	1572	《宗规》	王景象等,《泽富王氏宗谱》卷八,明隆庆六年刻本,安徽歙县	孝悌、积善、家和、坟茔、礼、婚姻、祭祀、祠堂、宗谱、尊长辈、读书……/条文未详分项目规训
19	1573	《宗规》	王仁辅等:《泽富王氏宗谱》卷八,明万历元年刻本,安徽歙县	父子、兄弟、夫妇、戒赌博、戒酗酒、积善、家政、坟墓、冠婚丧祭、祠堂、宗谱、尊卑、戒兴讼、处乡党、析产、收族、睦族、茔田、积德/条文未详分项目规训
20	1573	《家训(万历元年)》	祖国钧:《莲湖祖氏族谱》,清光绪二十五年刻本,福建	人生天地之间,为万物之灵,当尽为人之道。所以尽为人之道者,岂在好饮食、好衣服、好谈论,炫耀人哉！惟在存好心,行好事,孝父母,敬长上而已……/单篇式规训

续 表

序号	年份	篇目	出处	内容/体例形式
21	1573	《族约十六条》	崔三锡等:《虎墩崔氏族谱》卷一,明万历四十年刻本,江苏海安	立族长、立族正、宣圣谕、敦族义、创祠宇、置祭田、守坟墓、重谱牒、立宗会、叙伦理、正闺门、端蒙养、供赋役、劝职业、尚节俭、谨储积/条文详分项目规训
	1612	《族戒八条》	崔三锡等:《虎墩崔氏族谱》卷一,明万历四十年刻本,江苏海安	戒逸游、戒嗜酒、戒私贩、戒赌博、戒斗狠、戒健讼、戒释道、戒宿娼/条文详分项目规训
22	1574	《桑园祭祀规(万历二年)》	吕仕道编修,吕龙光重刊:《重印新安大阜吕氏宗谱》卷五,明万历二年修,民国二十四年刻本,安徽休宁	圣谕、明人伦、重人伦、仁义、子孙好学,以求上进或农工商各勤专业、祭祀、不忘祖宗、祭祖、礼、禁伐荫木、家规事件稽查……/条文未详分项目规训
	1577	《松萝家规(万历五年)》	吕仕道编修,吕龙光重刊:《重印新安大阜吕氏宗谱》卷五,明万历二年修,民国二十四年刻本,安徽休宁	善心、典当、租房、祭祀、喜事、祭祀、戒犯圣谕……/条文未详分项目规训
23	1574	《桐溪公家训(万历二年)》	金孝植:《橘社金氏家谱》,清康熙二十五年刻本,江苏吴县	留给子孙德、积善、认知对待善、读书、延师、处家、节俭、立身、祭祀、贫富不可强求、尊习俗、葬亲、酒、戒诉讼/条文未详分项目规训
24	1576	《宗范(万历四年)》	徐子初:《余姚江南徐氏宗谱》卷八,民国五年抄本,浙江	族长、宗子、家相、房长、祭祀、父母、兄弟、勿败家废业、完粮、戒词讼、修谱、取名、娶妾、旌节、闺阃、立继、睦族、婚姻、丧葬、坟墓、祭田……/条文未详分项目规训
25	1579	《家训》	吴范道等:《泾川茂林吴氏重修统宗谱》卷一,明万历七年刻本,安徽泾县	明礼节、叙彝伦、别内外、勤本业、慎嫁娶、敦俗尚/条文详分项目规训

续表

序号	年份	篇目	出处	内容/体例形式
26	1579	《四箴》	叶盛春:《沙堤叶氏家谱》卷一,明万历七年刻本,安徽祁门	忠、孝、戒、义箴/条文详分项目规训
		《叶氏宗族松岩公家训》	叶盛春:《沙堤叶氏家谱》卷一,明万历七年刻本,安徽祁门	人之众寡,在泽之修短;不在势之强弱,而在德之污隆……敦诗书、明礼义、士农工商,各执一艺;忠孝节义,惟务自尽。毋游惰,毋健讼,毋荡业,毋作淫巧,毋恣奢靡,毋以众暴寡,毋以强凌弱,毋慢上暴下……/条文未详分项目规训
27	1583	《规训、客辩(万历十一年)》	郑之珍:《清溪郑氏家乘》卷四,明万历年间敦伦堂刻本,安徽祁门	训规、圣谕、祖训、客辩……/条文未详分项目规训
	1586	《家规(万历十四年)》	郑之珍:《清溪郑氏家乘》卷四,明万历年间敦伦堂刻本,安徽祁门	睦族、尊国法、言戒……/条文详分项目规训
28	1587	《族约》	宁笏等:《河内宁氏族谱》册一,明万历十五年抄本,河南泌阳	事长上、训子孙、厚宗族、饬闺阁、重冠礼、择婚姻、慎丧祭、恤孤寡、和乡里/条文详分项目规训
29	1588	《家规十四(万历十六年)》	李惠等:《三江李氏宗谱》卷一,清道光十年木活字本,浙江鄞县	敬祖宗、禁犯上、勉孝顺、睦宗党、重师友、力本业、逮贱礼、凛闺教、重继嗣、安灵墓、恤患难、重藏谱、惩小忿、重宗长/条文详分项目规训

续 表

序号	年份	篇目	出处	内容/体例形式
30	1590	《宗约(万历十八年)》	周荣第等:《洛塘周氏续修家乘》卷二,清光绪十四年清白堂刻本,浙江海宁	凡为吾祖之子孙者,听吾训:父主于严,子止于孝,兄友弟恭,夫和妻顺,朋友相信,宗族相睦,婚姻相姻;邻保相助,有无相通,患难相恤,争忿相容,界畔相让。凡为吾子之子孙者,听吾戒:毋犯国宪,毋隳家法,毋惰农功,毋废常祭,毋交非(匪)类,毋循势力,毋为酗酒,毋好赌博,毋习勇斗,毋欺孤寡,毋听妇言……/条文详分项目规训
31	1591	《条约(万历十九年)》	吴瑞谷:《茗洲吴氏家记》卷七,万历十九年刊本,安徽休宁	圣谕六条、明尊卑、别内外、严坐立、辨服色、敦族好、寝外侮、敕妇德、重励恤、谨婚聘、戒靡费、戒禽兽行、戒赌博、戒竞讼、送房饮、庆贺饮、丧事饮……/条文详分项目规训
32	1594	《家训(万历二十二年)》	冯曦等:《代州冯氏族谱》卷二,民国二十二年铅印本,山西代县	容忍、忍辱、责己、附势、内重、审命、贾祸、谨言、衿己、夸大、忘仁、远害、知足、烛物、力行、克己、安命、饬身、自检、绝累、勤励、知命、慎与、节操、慎言等九十六项……/条文详分项目规训
33	1598	《何氏宗规五条》	郭德柏:《武陵常郡檀树坪郭氏族谱》卷首上,民国三十六年汾阳堂木活字本印本,湖南武陵	乡约当遵、宗族当睦、谱牒当重、闺门当肃、争讼当止/条文详分项目规训
		《方氏家箴》	郭德柏:《武陵常郡檀树坪郭氏族谱》卷首上,民国三十六年汾阳堂木活字本印本,湖南武陵	父子、夫妇、兄弟、朋友/条文详分项目规训

续 表

序号	年份	篇目	出处	内容/体例形式
34	1600	《祠规（万历二十八年）》	范涞：《范氏族谱》卷一，明万历三十三年刻本，安徽休宁	圣谕当遵、祠墓当展、族类当辨、名分当正、宗族当睦、谱牒当重、闺门当肃、蒙养当豫、姻里当厚、职业当勤、赋役当供、争讼当止、节俭当崇、守望当严、邪巫当禁、四礼当行/条文详分项目规训
		《宗规（万历二十八年）》	范涞：《范氏族谱》卷一，明万历三十三年刻本，安徽休宁	圣谕、祭器、赡祭田地屋租、积祠银、乐助、墓祭、葬礼、重伦理、移风易俗、士农工商各习所业、严闺门、孝、待奴仆……/条文未详分项目规训
35	1600	《家训十条（万历二十八年）》	陈昌年等：《苏城陈氏家谱》卷首，清同治九年刊本，江苏苏州	敦孝友、睦宗族、敬祭祀、谨身范、正家法、辨婚姻、训义方、择术业、遵典礼、慎交游/条文详分项目规训
36	1600	《乳泉公宗约（万历二十八年）》	闻镛等，《闻氏族谱》卷八，清嘉庆八年刻本，浙江杭州	经理坟茔、公听修费、扫墓成规、时祭定矩、稽正香火、撑持户役、劝置义田、规警非为、杜绝争讼、禁用佛事……/条文详分项目规训
	—	《三泉公课子录》	闻镛等，《闻氏族谱》卷八，清嘉庆八年刻本，浙江杭州	立程限以务实公、斥侥幸以事完全、受善言以防后患、敦友道以消物议、念身家以存惕厉/条文详分项目规训
37	1604	《家规》	谢廷谅等：《古歙谢氏统宗志》卷六，明万历三十二年刻本，安徽歙县	家之亲、祭祀、嫁娶、读书、勤俭、相恤、尊长、座次有序、男女不授受、经营产业、戒讼、家长、忍、睦邻、清白传家、君子之道/条文未详分项目规训

续 表

序号	年份	篇目	出处	内容/体例形式
38	1604	《家训》	于德甫等:《于氏十一修家谱》,明万历三十二年,江苏	尊祖宗、孝父母、友兄弟、别夫妇、和宗族、训男女、戒争讼、完钱粮、尚勤俭、务根本/条文详分项目规训
39	1607	《宗范十条》	王廷总:《新安王氏统宗世谱》卷一,明万历三十五年刻本,安徽祁门	敦孝友、睦宗族、勤生业、节财用、戒争讼、毋依势、崇典礼、远佛老、别男女、重家学/条文详分项目规训
40	1610	《兰陵家训(万历三十八年)》	缪培南:《缪氏宗谱》不分卷,民国三十六年铅印本,广东五华	务本业、考岁用、遵礼度、禁奢靡、严约束、慎典守……/条文详分项目规训
41	1611	《谱训》	江应翰:《萧江全谱》卷五,明万历三十九年刻本,江西婺源	圣谕、积善、仁义、忠孝、容人、孝、积书/条文未详分项目规训
		《省躬训十条》	江应翰:《萧江全谱》卷五,明万历三十九年刻本,江西婺源	读书、明理、孝友、勤俭、睦族、安分、生理、慎交、御下、重本/条文未详分项目规训
42	1614	《文贞公家训(万历四十二年)》	缪之镕等:《东兴缪氏润州分支宗谱》卷首,清宣统元年世庆堂铅印本,江苏江阴	大凡为人子弟,身名未定,须要用刻励二字,肯暗裹喫,亏勤修密检,便是长进一流,子孙自有饭喫!若可为即为,观人之为……/单篇式规训
43	1614	《家训八则(万历四十二年)》	杨舒甲等:《杨氏族谱》卷首,民国四年四知堂木活字版,湖北黄安	存心田、敦孝弟、惜廉耻、教子孙、睦宗族、仗公道、息争讼、戒奢侈/条文详分项目规训

续 表

序号	年份	篇目	出处	内容/体例形式
44	1618	《家规》	张廷枋等：《张氏宗谱》卷一，明万历四十六年刻本，甘肃泾川	家本第一（积阴功、祛隐恶）、家范第二（谨言语、慎举动）、家政第三（励臣节、供子职、事继母、正夫纲、处兄弟、择交）、家礼第四（行冠笄、重婚姻、慎丧葬、严祭祀）、家庙第五（明宗祀、重宗谱）、家统第六（先亲支），家族第七（救患难、恤穷苦、备荒歉、息争讼、贵容忍）、家祠第八（端蒙养、亲师友、习文艺、崇俭约、谨户田、恤邻里）、家业第九（急征输、勤耕种、务纺绩、业商贾、积技艺）、家声第十（谨闺教、别嫌疑、分良贱）、家劝第十一（旌孝顺、旌友让、旌节义）、家戒第十二（禁忤逆、禁奸淫、禁诈伪、禁侠党、禁赌博、禁嫖荡、禁妬妇、禁暗谤、禁奢侈、禁坟墓）/条文详分项目规训
45	1620	《家训》	朱茔等：《紫阳朱氏建安谱》卷三，明万历四十八年刻本，福建建阳	父之所贵者慈也，子之所贵者孝也。君之所贵者仁也，臣之所贵者忠也。兄之所贵者爱也，弟之所贵者敬也……/条文未详分项目规训
46	—	《宗规（明万历年间）》	王士晋：《王氏宗谱》，江苏昆山	乡约当遵、祠墓当展、名分当正、族类当辨、宗族当睦、谱牒当重、闺门当肃、蒙养当豫、姻里当厚、赋役当供、争讼当止、节俭当崇、守望当严、邪巫当禁、四礼当行、治家八戒（好赌妓、好饮酒、好争讼、好逸游、好门面、两样秤斗、违禁取息、欺谋良善）、遗后三宝（敬惜字纸、爱惜五谷、保守坟墓）/条文详分项目规训

续 表

序号	年份	篇目	出处	内容/体例形式
47	1621	《家规(天启元年)》	李祚彬等:《深洞李氏大宗谱》卷首,清光绪二十七年世德堂木活字本,江西南昌	祠祖宗、孝父母、敬长上、恤卑幼、友兄弟、睦宗族、肃闺政、择婚姻、教子孙、务生业、输国课、存公积、修宗谱、掌家史、志坟墓、慎名讳、谨承继、明迁徙、定礼义、正名分、杜争讼、劝贤达/条文详分项目规训
48	1624	《一经堂家训(天启四年)》	边方晋等:《任邱边氏族谱》卷十九,清乾隆三十七年笃叙堂刻本,河北任邱	谒祠堂、坟前祭扫、周旋官长、禁谈县官得失、禁谈朝廷政事、尊卑、和兄弟、言语行事、钱粮、勿自大、积阴德、读书、禁泛交、简朴、学吃亏、谨言、禁好名、禁听妇言、肃闺门、勿久恋富客、回避恶少、遇贫贱人、禁下人生事、禁吃酒、禁赌钱、禁养妓/条文未详分项目规训
49	1626	《垂训要言(天启六年)》	许子铭等:《暨阳许氏宗谱》卷首,清同治十一年贻燕堂木活字本,江苏江阴	正心术、端身范、整家法、敦孝弟、尊师傅、训子弟、慎言行、禁嬉游、汰骄奢、守穷约/条文详分项目规训
50	1628	《忠烈公祠规(崇祯元年)》	王正荣等:《魏墅王氏宗谱》卷一,清光绪十五年保后堂木活字刻本,江苏武进	崇孝友、恤孤寡、兴文学、禁游荡、禁争殴、禁浮谤、严贺节、慎修谱、倡公义/条文详分项目规训
51	1631	《家规》	叶文山等:《休宁叶氏族谱》卷九,明崇祯四年刻本,安徽休宁	首谨言行以法家;二、平好恶以齐家、三、重伦理以教家;四、正名分以范家;五、肃闺门以正家;六、豫蒙养以兴家;七、敦忍让以和家;八、教诗礼以传家;九、务勤俭以成家、十、禁邪巫以闲家;十一、息争讼以保家;十二、积阴德以世家/条文详分项目规训

续 表

序号	年份	篇目	出处	内容/体例形式
52	1633	《家训五篇(崇祯六年)》	孙凤冈等:《梁溪孙氏宗谱》卷一,清光绪十五年木活字本,江苏无锡	律己篇(孝顺、弟训、忠训、信训、礼训、义训、廉训、耻训)、政家篇(端阃、敦伦、睦族、洽邻、婚嫁、丧纪、勤本、节用)、穀诒篇(读书、严师、勤学、好尚、交游、重冠、择妇、务农、治生)、阅世篇(崇老、上贤、恤孤、慎交)、杌戒篇(游惰、奢华、淫邪、赌博、争讼)/条文详分项目规训
		《家规(崇祯六年)》	孙凤冈等:《梁溪孙氏宗谱》卷一,清光绪十五年木活字本,江苏无锡	敦孝弟、别尊卑、端闺范、崇教学、重师儒、睦宗族、明礼义、勤本业、尚节俭、杜唆讼、禁赌博、正嫁娶、崇丧祭、培坟墓、肃祠宇、重祭器/条文详分项目规训
53	1634	《家训(崇祯七年)》	左家修等:《左氏宗谱》卷二,清道光二十九年木活字本,安徽桐城	敬祖宗、孝父母、敬长上、友兄弟、教子孙、教勤俭、戒好讼、戒唆讼、安生理、禁非为/条文详分项目规训
54	1634	《族谱规约》	吴嘉誉:《武峰吴氏家谱》卷十,明崇祯七年刻本,安徽休宁	辑谱篇、得姓篇、五服篇、出赘篇、周急篇、睦族篇、藏谱篇/条文详分项目规训
55	1644	《赵氏宗约》	编者不详:《赵氏宗谱》第四本,明崇祯十七年刻本,江苏润州	建家祠、重佳城、修谱系、严祭祀、戒停柩、知地理、兴义学、旌节孝、敦敬让、清继嗣、谨婚姻、务生理、禁非为、崇节俭、周贫乏、审出处、急公务、慎调摄/条文详分项目规训

附录二：清朝族谱规训

序号	年份	篇目	出处	内容/体例形式
01	1658	《一本堂前代宗规（顺治十五年）》	朱兰等:《余姚朱氏宗谱》卷首,清同治十二年余姚朱氏一本堂木活字本,浙江余姚	重孝悌以敦根本、饬祀典以笃尊亲、敬长上以厚伦纪、和宗党以息争竞、严职业以端品行、辨嫡庶以正名分、慎嫁娶以安婚配、禁强暴以尚礼仪/条文详分项目规训
02	1660	《家规八条(顺治十七年)》	许琦等:《暨阳琴山许氏宗谱》卷一,清道光二十五年旦评堂木活字刻本,浙江暨阳	立族长、笃忠孝、择婚姻、慎丧葬、严教育、敦亲爱、睦乡里、肃闺门/条文详分项目规训
03	1661	《家规(顺治十八年)》	周碧山等:《鹞石周氏尚义堂支谱》卷一,清光绪二十年木活字本,安徽桐城	训子孙、序尊卑、明丧祭、结婚姻、择交友、别真伪、禁奸淫、禁游荡、禁忤匿、禁争斗、禁衙蠹、禁赌博、置义田、安生理、修废丁/条文详分项目规训
04	1664	《家戒》	高泳等:《侯潭高氏族谱》卷一,清康熙三年刻本,安徽宣城	敦孝友、厉节义、重丧葬、谨祭享、严嗣续、时婚嫁、肃闺阃、端仕宦、勤学业、崇文术、睦宗族、教子弟、勤职业、尚节俭、慎交游、止食啉、远势利、戒荒湎、绝争讼、修谱牒/条文详分项目规训

续 表

序号	年份	篇目	出处	内容/体例形式
05	1665	《祖训·圃隐公遗训(康熙四年)》	王楷苏等:《洪洞薄村十甲王氏族谱》卷八,清嘉庆二年刻本,山西平阳	坟墓、教子弟、爱姊妹、田宅、伙计、处家处乡党、戚友、门下家人、墓志、殡葬/条文未详分项目规训
	1683	《祖训·乐庄公垂训(康熙二十二年)》	王楷苏等:《洪洞薄村十甲王氏族谱》卷八,清嘉庆二年刻本,山西平阳	不许拖欠钱粮、不许结交匪类、不许违禁举放、不许花酒赌博、不许傲慢亲长、不许贷保寄物、不许骄奢淫荡、不许踵袭异教、不许荒芜田宅、不许斗争词讼/条文详分项目规训
06	1666	《家规(康熙五年)》	徐植诚:《徐氏宗谱》卷首,清光绪三年赐书堂木活字本,江苏武进	孝亲、敬长、和族、婚姻、奔丧、上寿、擅用公物、重谱、分辨亲疏、通事/条文详分项目规训
	1877	《家规(光绪三年)》	徐植诚:《徐氏宗谱》卷首,清光绪三年赐书堂木活字本,江苏武进	宗祠、祭祀、读书、祭田、守节、取妾/条文未详分项目规训
07	1666	《景文公家范(康熙五年)》	左元鼎等:《常州左氏宗谱》卷一,清光绪十六年裕德堂木活字本,江苏武进	力耕、勤读、冠肃、谨婚、慎丧、恪祭、敦孝、尚友、讲睦、修姻、克任、知恤/条文详分项目规训
		《锦园公条训·条禁》	左元鼎等:《常州左氏宗谱》卷一,清光绪十六年裕德堂木活字本,江苏武进	禁不仁、禁为杂役、禁入异端、禁倡优隶族、禁内乱、不许妄言讼、读书、禁贪污/条文未详分项目规训
		《锦园公条训·家训》	左元鼎等:《常州左氏宗谱》卷一,清光绪十六年裕德堂木活字本,江苏武进	勤业、勉学、存心、谨言、为父母之道、为子之道、为兄之道、为弟之道、为伯叔之道、为侄之道、为夫之道、取友之道、待众之道、为家主之道、婚、嫁、疾、药/条文详分项目规训

续 表

序号	年份	篇目	出处	内容/体例形式
08	1670	《旺川曹氏家训十则(康熙九年)》	作者不详:《曹氏宗谱》卷一,民国十六年刻本,安徽绩溪	积阴德、惇孝养、重迁葬、端蒙养、尊师道、慎嫁娶、睦亲党、励名节、崇朴俭、黜异术/条文详分项目规训
	—	《旺川家训后十则(嘉庆)》	作者不详:《曹氏宗谱》卷一,民国十六年刻本,安徽绩溪	崇孝养、序长幼、别内外、勤耕种、敦教训、谨丧祭、正婚姻、恤患难、匡习尚、禁投纳/条文详分项目规训
09	1671	《荥阳郑氏家规(康熙十年)》	郑希侨,郑藻茹:《义门郑氏家谱》卷一,清光绪十七年铅印本,广东中山	推定族长、推定族正、敦孝弟正名分、严禁陪葬、严禁兴讼、严禁为非、严禁勾引异棍、严禁赌博、严禁不得为胥吏、清厘税亩、急公守法、谦恭守礼、恪恭祠宇、族长族正以德服众/条文详分项目规训
10	1671	《思琴公遗训(康熙十年)》	汤贻汾等:《武进汤氏家乘》卷十六,清道光二十九年木活字本,江苏武进	孝友、忠厚、耕读、勤俭、毋贪财、毋争讼、毋交损友,毋听妇言/条文未详分项目规训
	1739	《楚堂公家训(乾隆四年)》	汤贻汾等:《武进汤氏家乘》卷十六,清道光二十九年木活字本,江苏武进	敦孝弟、重祭祀、睦宗族、笃夫妇、肃闺门、教子弟、务本业、慎交游、顾名节、忌悭吝、和邻里、待下人/条文详分项目规训
11	1673	《家训(康熙十二年)》	周炳昌等:《毗陵周氏宗谱》卷一,民国二十四年新德堂木活字本,江苏武进	孝顺父母、和睦兄弟、谐和夫妇、教训子孙、勤俭成家、戒赌博、戒饮酒、戒好色、戒游惰、戒靠身粥子/条文详分项目规训
		《宗训(康熙十二年)》	周炳昌等:《毗陵周氏宗谱》卷一,民国二十四年新德堂木活字本,江苏武进	孝、悌、忠、信、礼、义、廉、耻/条文详分项目规训

续 表

序号	年份	篇目	出处	内容/体例形式
11	1673	《增补家训(康熙十二年)》	周炳昌等:《毗陵周氏宗谱》卷一,民国二十四年新德堂木活字本,江苏武进	敦孝悌、笃宗族、和乡党、重农桑、尊师傅、训子弟、务本业、完钱粮、严内治、尚节俭、解仇忿、慎朋友/条文详分项目规训
12	1675	《先王定训(康熙十四年)》	尚玉德等:《尚氏宗谱》卷一,清乾隆五十六年刻本,辽宁辽阳。	尊家礼、设家长、辨命名、孝子孙、子孙分居入谱、坟墓、嫁娶、立继、节俭、戒责、本业、丧服/条文未详分项目规训
13	1685	《闲家禁约(康熙二十四年)》	毕开等:《蕲水两河毕氏六修族谱》首部卷下,清光绪三十年敦本堂木活字本,湖北蕲水	禁违伦纪、禁游手好闲、禁赌淫、孝弟、尊卑、禁害孤寡、谨伯叔教训、禁妇预外事、钱粮、禁健讼/条文未详分项目规训
		《谱训里言(康熙二十四年)》	毕开等:《蕲水两河毕氏六修族谱》首部卷下,清光绪三十年敦本堂木活字本,湖北蕲水	祭奠、孝弟、仕宦、人品、勤俭、读书、礼义、谱系、嗣继、节烈/条文详分项目规训
14	1685	《家训(康熙二十四年)》	姚承宪等:《丹徒姚氏族谱》卷四下,清宣统三年木活字本,江苏镇江	重家教、笃孝友、辨尊卑、崇德行、务勤俭、恤患难、摈下流、戒博饮父母宜孝、兄弟宜友恭、治生以耕读为本、存心以忠厚为本、立业宜勤、居家宜俭、礼法宜遵、立教宜预、赋税宜完、是非宜公、鳏寡孤独宜衿、患难宜恤/条文详分项目规训
	1733	《家训(雍正十一年)》	姚承宪等:《丹徒姚氏族谱》卷四下,清宣统三年木活字本,江苏镇江	父母宜孝、兄弟宜友恭、治生以耕读为本、存心以忠厚为本、立业宜勤、居家宜俭、礼法宜遵、立教宜预、赋税宜完、是非宜公、鳏寡孤独宜衿、患难宜恤/条文详分项目规训
15	1687	《重纂家训谕戒条规(康熙二十六年)》	奚应德等:《晋陵奚氏宗谱》卷一,清同治十二年衍庆堂木活字本,江苏武进	谕谨、谕信、谕恕、谕忍、谕勤、谕俭、戒斗、戒淫、戒赌、戒讼、戒酒/条文详分项目规训

续 表

序号	年份	篇目	出处	内容/体例形式
15	1687	《祖训(康熙二十六年)》	奚应德等:《晋陵奚氏宗谱》卷一,清同治十二年衍庆堂木活字本,江苏武进	祭仪、燕仪、劝忠、劝孝、劝夫妇、劝昆弟、交友/条文详分项目规训
16	1687	《鹤坡公家训(康熙二十六年)》	庄怡孙等:《毗陵庄氏增修族谱》卷十九,清光绪元年刻本,江苏武进	立志、忠君、孝亲、宜家、友悌、睦姻、教子、择交、御下、治生、禔躬四箴、警语、臆论/条文详分项目规训
	1687	《丹吉公家训(康熙二十六年)》	庄怡孙等:《毗陵庄氏增修族谱》卷十九,清光绪元年刻本,江苏武进	立心忠厚、格物穷理、安常知命、存敬、爱惜体面、兄弟、内外、婚姻、茔墓、积善、勤俭、撙节精气神、禁妄为、父子、禁赌博、绝异端、教子弟、禁触讳、师友/条文未详分项目规训
	1714	《董太夫人家训(康熙五十三年)》	庄怡孙等:《毗陵庄氏增修族谱》卷十九,清光绪元年刻本,江苏武进	祀祖、勤俭、睦族、贮米、教子、奴婢、尊长、异端、兄弟、戒赌、宴客、禁结拜、闺范、志气、婚姻、师友、夫妇、本业、禁好当/条文未详分项目规训
17	1688	《家训(康熙二十七年)》	吴庆朝等:《毗陵庵头吴氏宗谱》卷一,清光绪六年至德堂木活字本,江苏武进	定祭仪、敦孝弟、笃宗族、和乡邻、重农桑、尊师傅、训子弟、务本业、完钱粮、严内治、尚节俭、解仇忿、慎朋友、讲律法/条文详分项目规训
	1811	《新增家训序略(嘉庆十六年)》	吴庆朝等:《毗陵庵头吴氏宗谱》卷二,清光绪六年至德堂木活字本,江苏武进	先孝弟、重学校、务农桑、慎祭享、婚姻、交游、戒赌博、毋酗酒、厚族谊/条文未详分项目规训
18	1690	《申明条约(康熙二十九年)》	马恩藻等:《吴郡马氏家谱》,清光绪年间抄本,江苏昆山	事亲、葬亲、祭扫、恒业、闺范、夫妇、婚丧/条文未详分项目规训

续　表

序号	年份	篇目	出处	内容/体例形式
19	1693	《睦族十事（康熙三十二年）》	张湑等：《宁晋张氏族谱》册一，清同治十二年百忍堂木活字本，河北宁晋	立族长、同祭扫、会族党、敦爱敬、尚容忍、务勤俭、崇义举、纪善恶、相规谏、速改过/条文详分项目规训
20	1696	《祠规（康熙三十五年）》	王际友：《长沟朱氏宗谱》卷二，清光绪三十三年本，江苏扬州	孝弟、尊卑、越告、禁挑讼、禁窃盗、诬害人命、禁赌博、完钱粮、水利田宅、茔墓、禁纵放牛羊、禁阴谋陷害、务正业、节俭、居丧、兄弟、立继、婚嫁、内外、择友、励贤、恤贫、祭祀、宗祠、义仓、义学、族长/条文未详分项目规训
21	1699	《家规》	谢继周等：《宝树谢氏宗谱》卷一，清康熙三十八年木活字本，浙江东阳	家法、家长、劝生理、分尊卑、勤耕务本、孝道、训弟、训信内、冠礼、婚礼、家礼、祭宗庙、奖励、惩违法、急公、肃闺门、释争杜讼、供祭祀、坟墓/条文未详分项目规训
22	1704	《家规》	胡景等：《横冈胡氏支谱》下卷，清康熙四十三年抄本，安徽黟县	孝弟、睦族属、励人品、崇学校、务本业、正名分、谨闺范、儆游惰、严匪僻、急赋税、息词讼、驭仆婢/条文详分项目规训
		《壮卿公老家规》	胡景等：《横冈胡氏支谱》下卷，清康熙四十三年抄本，安徽黟县	祖坟、埋葬、婚娶、嫁女、敦睦伦、祭祀、安生业、祠产收纳、阴木/条文未详分项目规训
23	1711	《家训（康熙五十年）》	李会芳等：《灊阳李氏族谱》卷一，清同治十一年拥书堂木活字本，安徽潜山	举户长、谨茔墓、敦孝友、笃忠信、重婚姻、肃闺阁、教子孙、治生理、设义田、禁刁讼、禁贱役、禁赌博、禁奸盗、别男女、防乖戾、重家谱/条文详分项目规训

续　表

序号	年份	篇目	出处	内容/体例形式
24	1714	《家劝总言(康熙五十三年)》	刘润化等:《沩宁刘氏族谱》,清光绪十三年序伦堂刻本,湖南潭州	劝事亲敬兄、劝睦族和邻、劝为善种德、劝耕田读书、劝知冠礼、劝知礼义、劝知丧礼、劝知祭礼、劝知饮礼、劝知拜谒礼/条文详分项目规训
		《家规总言》	刘润化等:《沩宁刘氏族谱》,清光绪十三年序伦堂刻本,湖南潭州	同姓无通婚、居丧无嫁娶、无故不出妻、婚姻无转房、聘定无毁盟、有子无娶妾、牝鸡无司晨、驭下贵以恕、闺门肃姆教、恤鳏寡孤独/条文详分项目规训
		《家禁总言》	刘润化等:《沩宁刘氏族谱》,清光绪十三年序伦堂刻本,湖南潭州	禁盗卖盗买、禁越葬祖茔、禁久搁不葬、禁无拖欠钱粮、禁分授不均、禁巫司邪术、禁擅鬻祭器、禁主婚索钱、禁宠妾凌妻、禁以势欺人/条文详分项目规训
		《家戒总言》	刘润化等:《沩宁刘氏族谱》,清光绪十三年序伦堂刻本,湖南潭州	戒淫乱、戒发冢盗葬、戒邪说惑人、戒赌博、戒酗酒、戒好斗、戒健讼、戒放债图利、戒溺女、戒信僧道/条文详分项目规训
25	1715	《祖训》	刘志等:《洪洞刘氏宗谱》卷四,清康熙五十四年刻本,山西洪洞	重祀典、建宗子、明嫡庶、正名分、慎嗣续、详婚娶、守世业、厚本支/条文详分项目规训

续 表

序号	年份	篇目	出处	内容/体例形式
26	1715	《紫峰公家训(康熙五十四年)》	蒋德骅:《娄关蒋氏本支录右编》卷首,清光绪三十一年刊本,江苏吴县	凡我子孙,立志先要光明,存心须归忠厚,继书香勿替科名,守清白勉为忠孝,仕宦当思报效朝廷,家居惟求克守先业。无认迂腐为读书,无事滥交为声气,无恃刻薄为精明,无习奢靡为体面。不可信宵小而疏骨肉,不可趋势利而慢亲朋。近正人远邪狎,戒嬉游勤职业,临事贵端详,处事宜谦退,时时念稼穑艰难,事事遵祖宗懿训,庶几立身行己之道,光前裕后之模,不外是矣/单篇式规训
27	1716	《宗训(康熙五十五年)》	周启海等:《周氏重修族谱正宗》卷一,民国二年叙伦堂木活字本,安徽绩溪	道德劝业、和兄弟、戒争讼、崇节俭、崇人伦、择友、重婚姻、肃闺门、读书、治生、慎官府……/条文未详分项目规训
28	1716	《十世祖天衢公家训(康熙五十五年)》	何雍若等:《何留墅何氏重修家乘》卷一,清光绪元年三高堂木活字本,江苏武进	予蒙祖宗之德,兢业自持,是以薄成家道。然始也无十亩之田,一亩之宅,由老夫日夜勤劳,毕生俭约所致也。余虽无美德以贻后人,特留家训以迪尔辈,我子孙敬守之。凡治家之道,孝弟为先,父兄虽不苛求,当思教育之……/单篇式规训
		《家规十则(康熙五十五年)》	何雍若等:《何留墅何氏重修家乘》卷一,清光绪元年三高堂木活字本,江苏武进	敦孝弟、敬尊长、和乡党、饬妇女、务读书、勤本业、崇节俭、急官粮、禁赌博、戒充役/条文详分项目规训
	1875	《家规(光绪元年)》	何雍若等:《何留墅何氏重修家乘》卷一,清光绪元年三高堂木活字本,江苏武进	尊祖敬宗、祠宇、坟茔、读书、品行、勿慕豪富、赒穷恤匮、勿蓄珍玩、冠婚丧祭、勿僭侈/条文未详分项目规训

续 表

序号	年份	篇目	出处	内容/体例形式
29	1722	《璞庵家训十六则》	史在矿等:《史氏谱录合编》卷六,清康熙间刻本,浙江绍兴	立身、孝友、敬祖先、睦亲族、敬师、取友、教子弟、和邻里、肃闺门、御仆婢、酬恩释怨、排难解纷、治家敬宾、施药传方、不妄杀、官箴/条文详分项目规训
30	1724	《家规(雍正二年)》	谢公文等:《西州谢氏宗谱》卷一,清宣统二年玉树堂木活字本,江苏武进	重婚姻、务正业、戒游惰、严祭祀、戒争讼、戒赌博、先国课、戒牝鸣、戒淫祀、禁乞养、禁招赘、重坟墓、重宗器/条文详分项目规训
31	1731	《家训》	黄元豹等:《潭渡黄氏族谱》卷四,清雍正九年刻本,安徽歙县	孝敬、亲睦、修齐、教养……/条文未详分项目规训
32	1733	《家规》	吴翟等:《茗洲吴氏家典》,清雍正十一年木活字本,安徽休宁	祠堂、宗子、茔冢、坟茔、祀田、国课、祭祀、贫困财产出卖、置产、教子弟、治业、恤孤寡、赌博、理财、孝友、称谓、苛责、心术正、读书、娱乐、贪墨、妇人、主母、衣服俭、妇言、冠礼、丧礼、祭礼、通礼、开学/条文未详分项目规训
33	1737	《家规》	许登瀛:《重修古歙东门许氏宗谱》卷八,清乾隆二年刻本,安徽歙县	尊崇族长、公举族副、整饬宗祠、彰善瘅恶、元旦团拜、庆尚元宵、春秋祭祀、春祈秋报、清明墓祭、经理祭田、举行冠礼、正始闺门、男女婚嫁、居丧吊丧、养正于蒙、振作士类、居家孝弟、敦义睦族、交邻处友、抚恤孤寡、表彰节义、剖决是非、救灾恤患、各治生业、擅兴词讼、游戏赌博、制御仆从、小过鞭扑、送官惩治、祭器乐器/条文详分项目规训

续表

序号	年份	篇目	出处	内容/体例形式
34	1738	《司寇公庭训摘要》	高仲治等:《般阳高氏家模汇编》卷下,清乾隆三年刻本,山东淄川	患不读书、修身、祸福、待人处事、知王法、克己复礼、为善、养生、勤业、接物、生计、阃教、心学、教子/条文未详分项目规训
35	1739	《家规》	作者不详:《延陵吴氏宗谱》卷一,清乾隆四年木活字本,浙江武义	孝顺、嫁女须胜吾家、支派、亲人、治家、教子、族财、祀田/条文未详分项目规训
36	1745	《箴三公家训六条(乾隆十年)》	钱日煦等:《堠山钱氏宗谱》卷四,清同治十三年木活字本,江苏无锡	立品、治家、待人、忍耐、用财、婚姻/条文详分项目规训
37	1745	《家训·劝睦族文(乾隆十年)》	边方晋等:《任邱边氏族谱》卷十九,清乾隆三十七年笃叙堂刻本,河北任邱	吾兄达尝语连曰:吾边氏旧有睦族文,吾犹及见之,惜今已失矣。子盍为之……/条文详分项目规训
37	1756	《家训·笃叙堂家训·诗十二章(乾隆二十一年)》	边方晋等:《任邱边氏族谱》卷十九,清乾隆三十七年笃叙堂刻本,河北任邱	立身、孝亲、兄弟、宗族、忠信、读书、贫富有定分、择交、教子、禁酒、持身……/条文未详分项目规训
37	1756	《家训·笃叙堂家训·训词十六条(乾隆二十一年)》	边方晋等:《任邱边氏族谱》卷十九,清乾隆三十七年笃叙堂刻本,河北任邱	待人接物、自省、常悔、行好事、尽人事、善交之法、勿自矜博雅、勿戏语、勿向人说贫、善庆之家、孝父母、知律……/条文未详分项目规训
37	1756	《笃叙堂家训(乾隆二十一年)》	边方晋等:《任邱边氏族谱》卷十九,清乾隆三十七年笃叙堂刻本,河北任邱	茔木条约/条文未详分项目规训
37	1764	《敦本堂家训诗(乾隆二十九年)》	边方晋等:《任邱边氏族谱》卷十九,清乾隆三十七年笃叙堂刻本,河北任邱	敦厚、孝友、耕读、检束、克让、结交、尊卑、内外、精勤/条文未详分项目规训

续 表

序号	年份	篇目	出处	内容/体例形式
37	1767	《家训·庆余堂经纪祖墓记(乾隆三十二年)》	边方晋等:《任邱边氏族谱》卷十九,清乾隆三十七年笃叙堂刻本,河北任邱	前明成化间四世祖郎中公,奉敕葬县城西十五里之边。各庄东偏,嗣后附葬者几千……/条文详分项目规训
38	1747	《家规条款》	章桂:《浦城章氏重修宗谱》卷一,清乾隆年间刻本,安徽	隆孝养、敦悌顺、定生理、端教诲、崇丧祭、正嫁娶、尚俭约、睦宗族、诘盗贼、杜奸淫、防诈伪、戒赌博、重粮税/条文详分项目规训
39	1747	《家政(乾隆十二年)》	杨德益等:《句容仁村杨氏家乘》卷一,清光绪十三年木活字本,江苏	励臣职、崇孝道、建宗祠、明宗祀、严祭祀、谨茔墓、辨尊卑、修宗谱、慎丧服、重婚姻、宜家室、敦友爱、明继立、育人才、溥惠泽、崇俭约、戒荒惰、息争讼、置义田义仓、立宗子、宗直、宗相/条文未详分项目规训
40	1752	《世训》	张日佐等:《清河张氏宗谱》,清乾隆十七年崇本堂刻本,安徽休宁	君臣训、父子训、兄弟训、夫妇训、长幼训、朋友训/条文详分项目规训
		《家规》	张日佐等:《清河张氏宗谱》,清乾隆十七年崇本堂刻本,安徽休宁	人臣官守第一、子孙事养第二、临莅字民第三、父母主家第四、兄弟友悌第五、尊长亲族属第六、卑幼承教第七、朋友会集第八、姻亲戚属第九、夫妇正家第十、训戒听受第十一、婢仆役使第十二/条文详分项目规训
		《饶舆公义方八条》	张日佐等:《清河张氏宗谱》,清乾隆十七年崇本堂刻本,安徽休宁	立志、主敬、穷理、勤学、好问、事师、取友、及时/条文详分项目规训

续 表

序号	年份	篇目	出处	内容/体例形式
41	1754	《宗训(乾隆十九年)》	匡启仁等:《云阳仁济匡氏重修家乘》卷一,清道光二十七年乐安堂木活字本,江苏丹阳	敦孝弟、尊齿德、睦亲族、和邻里、修祠墓、重丧祭、慎婚娶、严闺阃、教子孙、务生理、完国税、平交易、恤穷困、重继绝、禁淹女、恤奴仆、禁赌博、谨言行、戒凶暴、毋结讼、尊族长公正之命、正称呼行坐之节、家贫勿为下流贱役尤戒沉落匪类、谱牒必须宝藏箱匣又当讲读宗训/条文详分项目规训
	1828	《家训(道光八年)》	匡启仁等:《云阳仁济匡氏重修家乘》卷一,清道光二十七年乐安堂木活字本,江苏丹阳	岁时祭享、和宗族、和睦兄弟、正妻妾、禁招赘、哀茕独、防饥馑、节财用、积阴德/条文详分项目规训
42	1755	《齐家条规》	高卜芳等:《桐城官山高氏宗谱》卷一,清乾隆二十年庆寿堂木活字本,安徽桐城	立宗子、举户长、择宗相、建宗祠、修宗谱、忠君皇、孝父母、敬长上、怡昆玉、交朋友、和宗族、恤亲邻、正夫妇、治生理、教子弟、重婚姻、慎丧祭、茔墓、供赋税、崇俭约、息争讼、芟奸盗、戒赌博、禁嫖荡/条文详分项目规训
43	1756	《原谱家训(乾隆二十一年)》	吴志泰等:《吴氏宗谱》卷首,清咸丰十年昭德堂刻本,江西南昌	孝顺父母、恭友兄弟、敦睦宗族、肃秩彝伦、祀事无旷、严禁乱宗、申禁侵祖、培蓄祖垄、排解族纷、赒全族婚、严诫惰游、严诫奢靡、督壸职劳、送子力学、早完国税、保节恤孤、杜匪遏贱、严禁凶悍、严禁赌博、诫族扛讼、诫昧族冢、诫术族产、诫士贪鄙、存心避劫、比心免耗、处困良计、诫业胥徒、诫居城市、肃静诸诫、诫妇女谒庙、诫结拜僧道、诫不时演戏、祭谱备续/条文详分项目规训

续 表

序号	年份	篇目	出处	内容/体例形式
43	1756	《原谱家规(乾隆二十一年)》	吴志泰等:《吴氏宗谱》卷首,清咸丰十年昭德堂刻本,江西南昌	敬祖先、教孝悌、睦族邻、训子孙、重师道、慎交游、笃戚谊、勤生理、适丰俭、急公务、禁健讼、肃闺闱/条文详分项目规训
44	1758	《家规》	刘谟公等:《彭城刘氏礼村世谱》卷一,清乾隆二十三年刻本,安徽旌德	隆孝养、崇悌顺、笃义方、戒伪妄、睦宗族、禁佛老、勤生业、事俭朴、正婚姻、重丧祭、别内外、择交游/条文详分项目规训
45	1758	《家训(乾隆二十三年)》	陈荣棣等:《剡北德政乡陈氏家谱》卷一,清光绪二十二年思敬堂木活字本,浙江嵊县	敬天地、励臣职、崇孝道、宜室家、敦友恭、慎朋友、勤稼穑、习文艺、谨茔墓、明崇祀、辨尊卑、重婚姻、慎丧服、明继立、重茔产、谨名讳、讲称谓、复兴家课、作养贫士、优礼斯文、尊崇师傅、崇俭约、谨言语、慎举动、谨闺教、别嫌疑、贵容忍、守法度、端蒙养、安生理、息争讼、和邻里、严祭祀、修宗谱/条文详分项目规训
46	1758	《家规》	黄氏骐等:《梅渚黄氏宗谱》卷一,清乾隆二十三年永思堂铜活字排印本,浙江新昌	孝父母、友兄弟、笃宗族、务正业、尚勤俭、择交友、诚祭祀、禁欺公、端内教、睦邻里/条文详分项目规训
47	1762	《祖训八则》	李应粱等:《慈峰李氏宗谱》,清乾隆二十七年世美堂刻本,浙江遂安	敦孝弟、严教诲、睦宗族、修祠墓、重丧祭、谨嫁娶、尚勤俭、崇礼让/条文详分项目规训
		《家规》	李应粱等:《慈峰李氏宗谱》,清乾隆二十七年世美堂刻本,浙江遂安	视厅、先茔、家长、冠婚、公家礼、谨丧事、严阃范、建家塾、敬尊长、训子侄、睦邻里、厚亲朋、御仆隶、防不虞、待庄役/条文详分项目规训

续 表

序号	年份	篇目	出处	内容/体例形式
48	1764	《家训(乾隆二十九年)》	李新畬等:《李氏迁常支谱》卷六,清咸丰四年木活字本,江苏常州	孝为百行首、事兄宜敬让、厚宗族、重祭扫、教子宜严、延师宜敬、择交宜慎、勤职业、戒浮华、崇信实、待下宜宽、物命宜惜/条文详分项目规训
49	1764	《家训》	张卿子等:《南皮张氏族谱》卷十,清乾隆二十九年木活字本,河北南皮	《高祖印白公题行乐图后》《高祖母王孺人训言》《曾祖父嵋采公训言》《汤中丞墓木被伐感而成吟以戒子孙》等/先祖与先贤训言结集
50	1768	《家训》	张琴等:《双桂张氏宗谱》不分卷,清乾隆三十三年刻本,浙江嘉兴	肃家道、孝父母、睦兄弟、正夫妇、和妯娌、培心源、端品行、教子弟、务勤俭、谨结纳、尚谦虚、择术业、慎婚嫁、敦宗族、广教育、忠事君/条文详分项目规训
51	1769	《家训十则》	冯祀英:《冯氏家谱》,清乾隆三十四年,浙江仁和	懂道理、士先立志、职业、宽厚、勤业、治家、读书、妻妾、婢仆、冠礼/条文未详分项目规训
52	1770	《家政》	沈承忍:《东阳永宁白珏沈氏宗谱》卷一,乾隆三十五年木活字本,浙江东阳	明子道、明弟道、正夫道、慎嫁娶、全和气、勤急公、勤教子、勤本业/条文详分项目规训
		《五伦释义》	沈承忍:《东阳永宁白珏沈氏宗谱》卷一,乾隆三十五年木活字本,浙江东阳	君臣、父子、夫妇、兄弟、朋友/条文详分项目规训

续 表

序号	年份	篇目	出处	内容/体例形式
52	1770	《男训》	沈承忍:《东阳永宁白珏沈氏宗谱》卷一,乾隆三十五年木活字本,浙江东阳	为人父者,当正其家;为人子者,须孝其亲;为人兄者,当爱其弟;为人弟者,须敬其兄;长幼有序,朋友有信,夫妇有别,纲常先定;妇顺助夫,言语归正;宗族合同,有无相同;患难相恤,争讼涵容;毋听妇言,自损和风;毋因私己,乖离至公,毋犯刑宪,毋坠事公;毋好赌博,毋嗜醉酗,尊母凌卑,慈老恤幼,孤寡必矜,事接必敬;毋习起威,教唆词讼,毋沉迭游自取贫穷,戒尔子孙;勿玷门风/条文详分项目规训
		《女训》	沈承忍:《东阳永宁白珏沈氏宗谱》卷一,乾隆三十五年木活字本,浙江东阳	模范古训,训尔诸妇;孝顺公姑,和睦妯娌;敬成内助,勿生谗妬,四德三从,七出莫污,先娠胎教,毋忘女度,内言不出,外言不入;勿预外事,修其蠢务,修洁酒酱,无非无义,寡言缓步,动静有法,鸡鸣交儆,杂佩解赠,母容隋亵,盥洗精洁;勿事娇冶,夜行以烛;女为淑女,妇为贤妇,宜室宜家,严训莫负/条文详分项目规训
53	1770	《家训》	段复绩等:《段氏宗谱》,清乾隆三十五年刻本,安徽	忠朝廷、孝父母、友兄弟、敬长上、睦宗族、亲邻里、信朋友、慎婚姻、肃闺门、勤职业、教子孙、隆祭祀/条文详分项目规训
		《家规》	段复绩等:《段氏宗谱》,清乾隆三十五年刻本,安徽	戒骄矜、戒奢华、戒争讼、戒狎昵、戒赌博、戒溺女、戒暴亲棺、戒葬祖坟/条文详分项目规训

续 表

序号	年份	篇目	出处	内容/体例形式
54	1770	《家规(乾隆三十五年)》	杨懋林等:《毗陵杨氏宗谱》卷一,清光绪二十年四知堂木活字本,江苏武进	尊祖敬宗、孝顺父母、敬重尊长、友爱兄弟、敦睦宗族、教训子孙、世守耕读、谨护祖茔、慎择婚姻、整肃闺门、崇尚俭朴、严禁恶习、勿欺孤寡、止息争讼、禁为下贱/条文详分项目规训
55	1774	《家规》	张孝轼等:《张氏宗谱》,清乾隆三十九年木活字本,安徽南陵	家本第一(积阴功、祛隐恶)、家范第二(谨言语、慎举动)、家政第三(立宗子、励臣节、供子职、处兄弟、择交友);家业第四(定生理、端蒙养、习文艺、敬师友、尚儒业、立义学、勤耕种);女训一条(务纺绩);家礼第五(行冠笄、重婚姻、正嫡庶);家统第六(先亲友);家族第七(睦宗族、恤穷苦、正矩范、体大道);家产第八(供赋税、广储蓄);家和第九(恤邻亲、恤孤寡);家美第十(敦俭约、励廉耻);家声第十一(别男女、防微渐、禁邪欲、禁赌博、禁僧道);家劝第十一(旌孝顺、旌节义、旌良善);家戒第十三(戒争讼、戒唆挑、谨坟墓)/条文详分项目规训
56	1774	《祖训(乾隆三十九年)》	李惠等:《三江李氏宗谱》卷一,清道光十年木活字本,浙江鄞县	《庄简公家训》《大兰公家训》《拙隐公家训》《叙谱琐言》《诠衡公集录闽族九我公家训》等/先祖与先贤训言结集
57	1775	《家规》	黄彬仪等:《君陵分枝德善黄公支谱》,清乾隆四十年木活字本,江西宜黄	敦孝弟、完国课、尊师长、禁赌博、务勤俭、戒刁讼、谨婚配、禁胥役/条文详分项目规训

续 表

序号	年份	篇目	出处	内容/体例形式
57	1775	《家训》	黄彬仪等:《君陵分枝德善黄公支谱》,清乾隆四十年木活字本,江西宜黄	予自幼习儒业,聆诗礼庭训,志绳祖武。后因时事日非,退老林泉,怡情山水,谨言慎行,防检不违,所谓履道坦坦,幽人贞吉……/单篇式规训
58	1775	《家训上》	李源:《李氏家谱》卷九,清乾隆四十年刻本,察哈尔蔚县	孝友、祀祖、本业、闺门、内外、训子弟、尊卑、敬祖、作阴骘事、持己、守法、择师、慎重医药堪舆、争讼、禁异端、不畜优伶、御下、不轻宰杀/条文未详分项目规训
		《家训下》	李源:《李氏家谱》卷九,清乾隆四十年刻本,察哈尔蔚县	祖宗坟墓、家祠祭祀、砦墙堡垣、公事祭享、务守家法、学业、行事、存心、居家、戒蓄梨园、慎择账房、痛除嫖赌、居乡和睦、闺门、禁仆恣肆、防媒媪瞽、加意务农、量力施予、遵守服制、各安义命/条文未详分项目规训
59	1776	《合族禁条(约乾隆四十一年)》	张琴治等:《永兴张氏族谱》卷二,民国二十八年本,湖南	入园动土、国课、扫墓、孝弟、勿拆围墙、拆碍宅者、勿伐荫木、勿隐匪类、勿轻讼、勿赌博、修圳、勿占祖坟、禁售病畜、禁盗菜蔬、勿害田垄、禁畜践踏、秋成勿盗/条文未详分项目规训
60	1779	《家约(乾隆四十四年)》	张映房等:《海丰张氏家乘》卷十,清嘉庆二年敬身堂刻本,山东无棣	立碑、建祠、补刻志铭、祭礼、殡礼、禁停丧、务农/条文未详分项目规训
61	1779	《宗训》	赵跃等:《大港赵氏宗谱》卷六,清乾隆四十四年刻本,江苏镇江	敦孝弟、笃宗族、予职业、务勤俭、崇德行、摈匪类、行庆吊、恤患难、守训言、严劝惩/条文详分项目规训

续 表

序号	年份	篇目	出处	内容/体例形式
62	1781	《继述六则（乾隆四十六年）》	王庆洪：《延政王氏宗谱》卷五，清光绪二十年毗陵西宅刻本，江苏武进	励志业、考思成、重文翰、慎嫁娶、谨祠墓、尚节行/条文详分项目规训
	1811	《家训（嘉庆十六年）》	王庆洪：《延政王氏宗谱》卷五，清光绪二十年毗陵西宅刻本，江苏武进。	忠君、孝亲、友悌、宜家、教子、择师、慎交、御下、接物、治生/条文详分项目规训
63	1783	宗规	蒋继诩等：《蒋氏宗谱》卷首，清乾隆四十八年刻本，湖南岳阳	乡约当遵、祠墓当展、族类当辨、各分当正、宗族当睦、谱牒当重、闺门当肃、蒙养当豫、姻里当厚、职业当勤、赋役当供、争讼当止、节俭当崇、守望当严、邪巫当禁、四礼当行/条文详分项目规训
64	1783	《炬执公家训（乾隆四十八年）》	潘绍澄等：《东汇潘氏族谱》卷中，清光绪十八年承志堂刻本，江苏吴县	凡我子孙，存心最宜宽厚，作事须要公平，安常处素，慎始图终。奉先致享，必尽其诚。教子读书，先明乎理。兄弟同心协力，勿因谗间而致乖携。宗族一视同仁，莫以贵贱而生厚薄。尊卑循其次序，内外别以嫌疑。见危急，力为维持。遇孤寡，倍深怜恤。拂意时，还当自省。行善处，勿令人知。不如我者，慎毋轻慢。有益我者，端赖磋磨。婚嫁休竞奢华，衣食务崇节俭。念诒谋于祖父，期广大乎门间，勉旃毋怠/单篇式规训
	1784	《士皋公诫子侄十则（乾隆四十九年）》	潘绍澄等：《东汇潘氏族谱》卷中，清光绪十八年承志堂刻本，江苏吴县	孝亲、勤劳、知命、好礼、慎行、德性、省身、择交、谨言、教子/条文未详分项目规训

续 表

序号	年份	篇目	出处	内容/体例形式
65	1785	《家规十条》	潘荣瘅等:《潘氏重修族谱》不分卷,清乾隆五十年木活字本,湖南宁乡、湘潭	存心、修身、敬祖先、孝父母、敦手足、正家室、务耕读、和族邻、择师友、维风俗/条文详分项目规训
		《十劝总言》	潘荣瘅等:《潘氏重修族谱》不分卷,清乾隆五十年木活字本,湖南宁乡、湘潭	积善、孝父母、友兄弟、睦宗族、重丧祭、慎冠礼、务本业、训子弟、肃母教、早完粮/条文详分项目规训
		《家戒十条》	潘荣瘅等:《潘氏重修族谱》不分卷,清乾隆五十年木活字本,湖南宁乡、湘潭	戒占葬、戒淫欲、戒嗜酒、戒多言、戒好勇斗、戒专利、戒赌博、戒媚佛、戒健讼、戒纵仆/条文详分项目规训
		《家禁》	潘荣瘅等:《潘氏重修族谱》不分卷,清乾隆五十年木活字本,湖南宁乡、湘潭	禁紊尊卑、禁乱闺门、禁废生业、禁滥交游、禁惯非为、禁欺孤寡、禁凌卑幼、禁欺贫穷、禁同姓为婚/条文详分项目规训
66	1790	《族规(乾隆五十五年)》	李辉等:《临川李氏支谱》卷一,清道光十五年阳溪东素德房木活字本,江西临川	孝亲、尽忠、祭祀、祠堂、恤贫、恤孤寡、敦族、祖坟、禁酗酒、禁赌博、禁身充书役优伶/条文未详分项目规训
67	1790	《家规》	蒋民奉等:《灰汤蒋氏族谱》册二,清乾隆五十五年刻本,湖南宁乡	同姓无通婚、居丧无嫁娶、无故不出妻、婚姻无转房、聘定无毁盟、有子无娶妾、牝鸡无司晨、驭下以恕、闺门肃姆教、恤鳏寡孤独/条文详分项目规训
		《家劝》	蒋民奉等:《灰汤蒋氏族谱》册二,清乾隆五十五年刻本,湖南宁乡	劝事亲从兄、劝睦族和邻、劝为善种德、劝耕田读书、劝知冠礼、劝知婚礼、劝知丧礼、劝知祭礼、劝知乡饮礼、劝知拜谒礼/条文详分项目规训

续 表

序号	年份	篇目	出处	内容/体例形式
67	1790	《家禁》	蒋民奉等:《灰汤蒋氏族谱》册二,清乾隆五十五年刻本,湖南宁乡	禁盗卖盗买、禁越葬祖茔、禁久搁不葬、禁拖欠钱粮、禁分授不均、禁巫司邪术、禁擅鬻祭器、禁主(孀妇)婚索钱、禁宠妾凌妻、禁倚势欺人/条文详分项目规训
		《家戒》	蒋民奉等:《灰汤蒋氏族谱》册二,清乾隆五十五年刻本,湖南宁乡	戒淫乱、戒发冢盗葬、戒邪说惑人、戒赌博、戒酗酒、戒好斗、戒健讼、戒放债罔利、戒溺女、戒信僧道/条文详分项目规训
68	1792	《子韶公家训条目》	吕绩熙等:《毗陵吕氏族谱》卷首,清光绪三十一年木活字本,江苏武进	孝弟、立身、读书、务农、勤俭、毋酗酒、毋赌博、毋狠斗、惜字、惜穀/条文详分项目规训
	1878	《漪园公训言六则(光绪四年)》	吕绩熙等:《毗陵吕氏族谱》卷首,清光绪三十一年木活字本,江苏武进	勤读书、善保身、敬尊长、睦兄弟、谨言语、慎交游/条文详分项目规训
	1878	《宗约(光绪四年)》	吕绩熙等:《毗陵吕氏族谱》卷首,清光绪三十一年木活字本,江苏武进	宗法宜明、宗祠宜建、祭产宜置、先陇宜守、礼法宜遵、祖训宜昭、不准出继异姓/条文详分项目规训
69	1792	《宗训》	丁梦罴等:《丁氏宗谱》卷一,清乾隆五十七年双桂堂木活字本,江苏吴县	尊祖、孝亲、忠君、尊师、敬长、慈幼、睦族、葬亲、立嗣、勤读、重农、尚礼、崇俭、阃教、择婚、戒淫、戒赌、节饮、备荒、恤贫、完税、息讼、明律、慎交/条文详分项目规训
70	1793	《菉庵公家训(乾隆五十八年)》	吴其焊:《萧山吴氏宗谱》卷一,清光绪三十年爱敬堂木活字本,浙江萧山	敬祖、孝亲、肥家、正室、择交、教子、立身、治产、涉世、入官/条文详分项目规训

续 表

序号	年份	篇目	出处	内容/体例形式
71	1794	《宗规》	黄尚义等:《梁溪黄氏宗谱》卷一,清乾隆五十九年庆传堂刻本,江苏无锡	尊祖、孝亲、忠君、尊师、敬长、慈幼、睦族、葬亲、立嗣、勤读、重农、尚礼、崇俭、阃教、择婚、戒淫、戒赌、节饮、备荒、恤贫、完税、息讼、明律、慎交/条文详分项目规训
72	1796	《家训》	邹全宗等:《皖怀邹氏宗谱》卷一,清嘉庆元年敦厚堂木活字本,安徽怀宁	敦孝弟、崇学问、勤耕稼、慎言行、择交游、训子弟、严家教、肃闺门、辨嫡庶、戒酒色、禁赌博、守王章、存阴骘/条文详分项目规训
73	1797	《家训述录(嘉庆二年)》	纪大奎:《纪氏敬义堂世次录》卷一,清咸丰二年木活字本,江西临川	孝弟、兄弟、俭仆、本职、约束子弟、常业、戒杀生、受苦吃亏、处世接物、晓得忧患、读书、入仕、积善/条文未详分项目规训
74	1797	《孝友公家规(嘉庆二年)》	作者不详:《应氏先行录》卷一,清嘉庆二年木活字本,河南汝南	建祠宇、守封茔、抚群徒、事尊长、端心术、慎言语、养童梦、行冠礼、议婚姻、严内外、谨称谓、崇节俭、治丧葬、时祭飨、贻世业、黜异端、厚宗姻、驭群小、供赋役、殖资产/条文详分项目规训
75	1800	《家训(嘉庆五年)》	孟道鸣等:《毗陵孟氏宗谱》卷四,清光绪十八年愿学堂木活字本,江苏武进	真西山、省身录、詹宗华、彭石屋、袁氏世范、法楹、曹大家女戒、草木子、彭仲刚、庄语、郑氏家规、应俊、省心录、约言、杨氏忍箴/条文未详分项目规训
76	1800	《皇祖戒训》	史士琏等:《萧山史氏宗谱》卷二,清嘉庆五年八行堂刻本,浙江萧山	戒不孝不悌、戒不睦宗党、戒不务恒业、戒不尚节俭、戒赌博、戒奸盗、戒嗜酒行凶、戒误入优隶、戒出入衙门、戒不完国课/条文详分项目规训

续 表

序号	年份	篇目	出处	内容/体例形式
76	1800	《家训条目》	史士琏等:《萧山史氏宗谱》卷二,清嘉庆五年八行堂刻本,浙江萧山	训示子孙、辨别内外、婚姻、丧葬、祭祀、禁奢、节用、处己、接物、交易、睦族、乡党、朋友、治生、争讼、典守祭毕宴盘、子孙名字行第/条文未详分项目规训
77	1802	《家训十则》	江为霖等:《润州朱方镇尤氏族谱》卷一,清嘉庆七年木活字本,江苏镇江	孝父母、敬长上、和兄弟、睦宗族、表节操、恤困穷、教子孙、慎婚姻、勤事业、择朋友/条文详分项目规训
78	1804	《家规》	冯光岱等:《中井河东冯氏宗谱》卷一,清嘉庆九年木活字本,安徽祁门	家长正己、子弟读书、交友、妇言、治生、子孙仕宦、恤贫穷、立心、冠婚丧祭、孝悌忠信、婚姻、学业/条文未详分项目规训
79	1805	《敦睦五禁》	刘书府等:《刘氏族谱》卷一,清嘉庆十年刻本,山西、河南等	禁同姓为婚、禁异姓乱宗、禁同族相骂、禁嫂叔戏谑、禁骨肉回亲/条文详分项目规训
80	1805	《家训》	殷正焜等:《殷氏宗谱》卷一,清嘉庆十年世裕堂刻本,安徽桐城	孝父母、友兄弟、敬长上、睦宗族、亲邻里、信朋友、肃闺门、勤职业/条文详分项目规训
	1805	《家规》	殷正焜等:《殷氏宗谱》卷一,清嘉庆十年世裕堂刻本,安徽桐城	戒骄奢、戒争讼、戒淫行、戒赌博、戒暴亲棺、戒葬祖山、戒滥姻、戒滥交、戒纵酒、戒溺女/条文详分项目规训
81	1805	《家规(嘉庆十年)》	殷正焜等:《殷氏宗谱》卷一,清嘉庆十年世裕堂刻本,安徽桐城	重人伦、课税、坟藏、祖茔、正业、族谊、承祧、秉公督事、慎用家规、违规公处/条文未详分项目规训

续　表

序号	年份	篇目	出处	内容/体例形式
81	1874	《家规(同治十三年)》	殷正焜等:《殷氏宗谱》卷一,清嘉庆十年世裕堂刻本,安徽桐城	重修坟茔、重孝友、辨尊卑、辨内外、尚德化、端行谊、劝耕读、务和协、立祠堂、勤祭扫、广祖德、绍书香、丧事毋侈、戒为非、戒溺女/条文未详分项目规训
82	1806	《家范》	魏文基等:《魏氏族谱》卷一,清嘉庆十一年抄本,河南太康	明训、急情、族正、称谓、兄弟/条文未详分项目规训
83	1807	《宗约十二款》	皇甫琚:《皇甫氏族谱》,清嘉庆十二年,河南睢阳	竞祖宗、友兄弟、睦族人、敦族谊、绝宿怨、尚谦让、处家事、御外侮、务公平、务本业、恤贫乏、命名字/条文详分项目规训
		《宗戒八款》	皇甫琚:《皇甫氏族谱》,清嘉庆十二年,河南睢阳	惩不孝、惩强悍、禁非为、斥背逆、警妄动、警争辩、忌妄谈、恶贱恶/条文详分项目规训
84	1807	《家规(嘉庆十二年)》	李兆隆等:《龙河李氏宗谱》卷一,清道光二十九年绵远堂木活字本,安徽桐城	孝弟、祭祀、本业、婚姻、族谊、公田、坟墓、禁杂贱/条文未详分项目规训
	1846	《家规(道光二十六年)》	李兆隆等:《龙河李氏宗谱》卷一,清道光二十九年绵远堂木活字本,安徽桐城	国课、尽孝、兄弟、旌表节孝、坟山、祭祀、婚姻、承嗣、公田、戒争讼、尊卑、本业、祠堂、房长/条文未详分项目规训
	1849	《家训十二条》	李兆隆等:《龙河李氏宗谱》卷一,清道光二十九年绵远堂木活字本,安徽桐城	顺父母、和兄弟、亲宗党、教子弟、慎婚姻、肃闺阃、惩刁讼、戒嫖赌、定居长、修祠堂、置祭田、保祖墓/条文详分项目规训

续　表

序号	年份	篇目	出处	内容/体例形式
85	1808	《家训》	刘锦起等:《刘氏宗谱》卷三,清嘉庆十三年德润堂木活字本,江苏江阴	立志、积德、守身、申孝弟、训子孙、和宗族、亲师、择友、治家、戒争讼、戒赌博、戒淫行/条文详分项目规训
86	1808	《家范上卷》	叶长森等:《大缘叶氏族谱》卷六,清嘉庆十三年开瑞堂刻本,安徽怀宁	孝父母、和兄弟、正配偶、训子弟、睦乡党、敬朋友、报祖先、修享堂、笃宗族、置义产、安本业、重农桑、尚节俭、急赋税、立士品、崇信实、盛毋满、穷立志、扬节烈、释雠忿/条文详分项目规训
		《家范下卷》	叶长森等:《大缘叶氏族谱》卷六,清嘉庆十三年开瑞堂刻本,安徽怀宁	检身心、笃天伦、展丘墓、亲九族、肃闺门、勤教诲、禁奢侈、行四礼、供国课、谨交游、厚姻里、止争讼、驭婢仆、禁邪诬、挽敝俗/条文详分项目规训
87	1809	《家训总略》	詹怀彦等:《詹氏支谱》卷一,清嘉庆十四年守训堂活字本,安徽桐城	笃忠荩、尽孝养、敦友爱、正婚姻、教子弟、睦宗族、别尊卑、慎丧祭、惩暴戾、息争讼、慎交游、务本业、肃闺阃、明嫡庶、尚节俭、戒淫赙、谨坟墓、重祀田、建祠宇、重谱牒/条文详分项目规训
88	1810	《家训(嘉庆十五年)》	茅永福等:《茅氏世谱》册一,清道光八年中和堂刻本,上海崇明	全孝行、务敦睦、严教子、慎嗣允、慎娶妇、勤耕读、严内政、谨交游、戒赌博、戒唆讼、戒奸淫、珍谱牒/条文未详分项目规训
89	1810	《家训》	胡象弥等:《胡氏宗谱》卷首,清嘉庆十五年三恪堂木活字本,安徽潜山	忠朝廷、孝父母、友兄弟、敬长上、睦宗族、亲邻里、信朋友、慎婚姻、勤职业、教子孙、隆祭祀、广祀田/条文详分项目规训

续 表

序号	年份	篇目	出处	内容/体例形式
89	1810	《家规》	胡象弥等:《胡氏宗谱》卷首,清嘉庆十五年三恪堂木活字本,安徽潜山	戒葬祖坟、戒暴亲棺、戒溺女、戒赌博、戒骄矜、戒争讼、戒奢华、戒狎匿/条文详分项目规训
90	1811	《训诫》	张鸣皋等:《剡西珏芝张氏宗谱》卷一,清嘉庆十六年亲宗堂刻本,浙江嵊县	父母、兄弟、夫妇、朋友、宗族、睦邻、教子孙、品行、闺门、俭朴、丧事、戒不孝父母、戒兄弟不睦、戒纵子为恶、戒宗族不和、戒轻听妇言、戒赌博、戒溺女、戒助葬祖坟、戒僧尼往来、戒刻薄待下/条文未详分项目规训
91	1811	《家训规箴十则》	陈汉昭等:《京口朱方陈氏宗谱》卷一,清嘉庆十六年木活字本,江苏镇江	志坟墓形、阴积德行、孝顺父母、善事长上、和睦兄弟、整肃闺阃、急输税粮、戒奢崇俭、严禁嫖赌、择师教子/条文未详分项目规训
92	1812	《规则》	颜锡等:《金城颜氏家谱》卷三,清嘉庆十七年世孝堂刻本,甘肃兰州	祭祖、增生员盘缠、娶妇、丧事、患难相恤、尊卑/条文未详分项目规训
		《家训》	颜锡等:《金城颜氏家谱》卷三,清嘉庆十七年世孝堂刻本,甘肃兰州	孝顺父母、尊敬长上、和睦乡里、各安生立、毋作非为/条文详分项目规训
		《家训十条》	颜锡等:《金城颜氏家谱》卷三,清嘉庆十七年世孝堂刻本,甘肃兰州	训孝、训弟、训耕、训读、施与、息争、持身保家、乡党接见之礼、待妇之道、嫁娶不可论财/条文详分项目规训
		《家戒八则》	颜锡等:《金城颜氏家谱》卷三,清嘉庆十七年世孝堂刻本,甘肃兰州	祀祖、吊送、行止、为业不勤,重责;毁骂尊长、殴打尊长、奉养有违,以不孝论;教令有违,以不弟论/条文详分项目规训

续 表

序号	年份	篇目	出处	内容/体例形式
92	1812	《敬拟防微劝语八条》	颜锡等:《金城颜氏家谱》卷三,清嘉庆十七年世孝堂刻本,甘肃兰州	早完税、专务实学、勿学曲学、毋赌博、毋饮酒、毋谈人短、毋戏谑、毋打架/条文详分项目规训
		《敬拟遴选家长规则四条》	颜锡等:《金城颜氏家谱》卷三,清嘉庆十七年世孝堂刻本,甘肃兰州	德才兼优,老成练达;德长才短,厚重自持;端严正直,内外如一;清廉宽意,小心谨慎/条文未详分项目规训
93	1812	《祖训家风》	叶有广等:《黟县南屏叶氏族谱》卷一,清嘉庆十七年木活字本,安徽黟县	崇礼教、正名分、安生业、敦正道、禁邪僻、和宗族、饬风化、杜匪类/条文详分项目规训
94	1814	《诫言十则》	何永介等:《萧山芹沂何氏宗谱》卷首,清嘉庆十九年世恩堂木活字本,浙江萧山	戒不孝不悌、戒不睦宗党、戒不务恒业、戒不尚节俭、戒赌博开场、戒奸盗不法、戒嗜酒行凶、戒误入优隶、戒不完国课、戒出入衙门/条文详分项目规训
95	1816	《三世祖曼卿公遗训四则(嘉庆二十一年)》	金川等:《金沙鲁庄石氏宗谱》卷一,清光绪三年宥密堂木活字本,江苏南通	崇祭祀、恤孤寡、戒诗讼、戒赌博/条文详分项目规训
		《家规十二则(嘉庆二十一年)》	金川等:《金沙鲁庄石氏宗谱》卷一,清光绪三年宥密堂木活字本,江苏南通	孝亲、兄弟、睦族、夫妇、是非自有定理、严闺门、戒奸淫、守节、戒出继、戒溺子、戒偷窃、祭祀、立规必行/条文未详分项目规训
96	1817	《家训十条(嘉庆二十二年)》	范显瑶等:《毗陵范氏家乘》卷一,清同治九年忠恕祠木活字本,江苏武进	孝亲、敬长、和妻、教子、治家、待人、重儒、安分、行善、戒恶/条文详分项目规训

续 表

序号	年份	篇目	出处	内容/体例形式
97	1817	《家规、禁约》	陈云章等:《莆田浮山东阳陈氏族谱》,清嘉庆二十二年刻本,福建莆田	大宗小宗、勿推诿公事、荫差役、新妇庙见、谒墓祭扫、学田、社事、查核族中收支、续增命字、禁饮酒、祭田、坟墓、檀樾功德、敬祀神明、培护风水、祠内公物、勿与西洙吴氏结婚/条文未详分项目规训
98	1817	《宗规》	王俊三等:《王氏族谱》卷一,清嘉庆二十二年木活字本,江苏苏州	议敦睦、论名分、议合祭、训子孙、训诸妇女、论婚姻、论丧葬、奖节孝/条文详分项目规训
		《禁约》	王俊三等:《王氏族谱》卷一,清嘉庆二十二年木活字本,江苏苏州	议立祠、议立祭田、议立宗子、议立宗长、议续谱/条文详分项目规训
99	1818	《家规》	钱彰珅等:《钱氏三修族谱》,清嘉庆二十三年彭城堂木活字本,湖南湘潭	孝悌类(孝弟、教子女、读书、祖茔、雁葬、田土、族长断纠纷、行派、不孝有三、无后为大、子孝顺父母);忠信类(忠信乃人之本;读书、务农以自耕为主);礼仪类(礼不可废;婚礼;寿旦;生子报房长;男女分昭穆);廉耻类(廉耻、做人、职业、恤贫穷)/条文未详分项目规训
100	1819	《家规》	王大灼等:《王氏续修族谱》,清嘉庆二十四年刻本,安徽旌德	敦孝友、睦宗族、正男女、慎婚配、严承继、表节义、敬斯文、重家学、勤生业、节财用、禁奸赌、恤孤寡、崇典礼、戒争讼/条文未详分项目规训
101	1820	《澹安公家训(约嘉庆二十五年)》	陆乃普:《平原派松陵陆氏宗谱》卷一,清同治十三年刻本,江苏吴江	心静、知荣辱、责人扬人、悔过迁善、知善恶/条文未详分项目规训

续 表

序号	年份	篇目	出处	内容/体例形式
101	1874	《方伯公家训》	陆乃普:《平原派松陵陆氏宗谱》卷一,清同治十三年刻本,江苏吴江	积善、勿损人、立心、择交、养德养身、使人敬爱、论人、知足、植德种福、养生、守成创业、尊师、耕读、禁酗酒/条文未详分项目规训
102	1821	《祖训》	郑道选:《锦营郑氏宗谱》卷末,清道光元年敦伦堂木活字本,安徽祁门	慈子弟、和邻里、睦祭祀、力树艺、毋胥欺、毋胥讼、毋犯国法、毋虐寡弱、毋博弈、毋斗争、毋学歌舞……/条文未详分项目规训
103	1821	《王氏谱规》	王之树等:《王氏续修宗谱》卷二,清道光元年植成堂木活字本,江苏金坛	修世系、修祠宇、严祭祀、时祭扫、敦孝弟、睦宗族、劝耕读、完国课、息争讼、择婚姻、禁奸淫、禁窃盗、禁赌博、慎交游、禁螟蛉、禁寡妇赘夫/条文详分项目规训
		《宏宗十要》	王之树等:《王氏续修宗谱》卷二,清道光元年植成堂木活字本,江苏金坛	就人才、敦尚风化、扶纲植纪、杜讼惩刁、勤差急税、矜恤孤寡、善御仆从、正己化人、谨择交游、洁清自爱/条文详分项目规训
104	1821	《家规(道光元年)》	李荫川等:《延平李氏宗谱》卷一,清光绪二十二年福荫堂木活字本,安徽桐城	母、兄弟、国课、祭祀、恒业、勤俭、节孝、祖墓、宗祠公账、尊卑、兴讼、户长/条文未详分项目规训
	1896	《家规(光绪二十二年)》	李荫川等:《延平李氏宗谱》卷一,清光绪二十二年福荫堂木活字本,安徽桐城	钱粮、孝弟、恒业、科名、祖山、宗祠、谱牒、族党、尊长、祭田/条文未详分项目规训
		《家政规模》	李荫川等:《延平李氏宗谱》卷一,清光绪二十二年福荫堂木活字本,安徽桐城	孝父母、谊兄弟、肃闺门、和妯娌、敬长上、厚宗族、睦邻里、重师尊、教子弟、敦信义、尚勤俭、急租税、明宗法、立宗长、建祠宇、重祖茔、置祭田、别嫡庶、严继立、戒嫖赌、惩健讼、斥污贱、体奴婢、恤婴育/条文详分项目规训

续 表

序号	年份	篇目	出处	内容/体例形式
105	1822	《宗谱十训》	马世雄等:《怀宁高河马氏宗谱》卷首,清道光二年五常堂木活字本,安徽怀宁	训父慈、训子孝、训夫义、训妇从、训友恭、训敬长、训教子、训恤下、训积德、训守业/条文详分项目规训
		《宗谱十禁》	马世雄等:《怀宁高河马氏宗谱》卷首,清道光二年五常堂木活字本,安徽怀宁	禁盗葬祖坟、禁盗伐祖荫、禁违例赌博、禁结交匪类、禁听唆内争、禁同族争讼、禁出入衙门、禁忍心溺女、禁不分内外、禁同姓为婚/条文详分项目规训
106	1822	《家规》	蓝长馨等:《蓝氏重修族谱》,清道光二年汝南堂木活字本	正伦纪、重坟墓、急输将、勤会课、崇学校、禁游惰、严赌博、端心术、慎婚嫁、扬节孝、乐恤助、恶悍赖/条文详分项目规训
107	1822	《祠规》	曹懋昭等:《润州曹氏重修宗谱》卷一,清道光二年木活字本,江苏镇江	孝亲、兄弟、睦族、尊卑、夫妇、闺门、禁奸淫、守节、戒出继、戒溺子、祠讼、禁偷窃、戒嫖赌、族长、祠正、祭祀、立规必行/条文未详分项目规训
		《家训条例》	曹懋昭等:《润州曹氏重修宗谱》卷一,清道光二年木活字本,江苏镇江	训读书、训慎终、训追远、训为父、训为兄、训为子、训为弟、训为夫、训为妇、训教子/条文详分项目规训
		《洪聚公家训》	曹懋昭等:《润州曹氏重修宗谱》卷一,清道光二年木活字本,江苏镇江	余尝旷观今人也,父有令名,而子不能致其美誉;祖有恒产,而孙不克守其成业者……/单篇式规训
108	1822	《家训十条(道光二年)》	徐士鋆等:《续修徐氏家谱》上册,清光绪三十四年铅印本,河南、河北	当食而食、当寝而寝、进署须勤、用工须密、敬惜字纸、斟酌交游、省俭用度、周济贫穷、慎言语、节饮食/条文详分项目规训

续　表

序号	年份	篇目	出处	内容/体例形式
108	1824	《家训十二条(道光四年)》	徐士鋆等:《续修徐氏家谱》上册,清光绪三十四年铅印本,河南、河北	孝敬父母、友爱兄弟、教诫子孙、敦睦宗族、男务读书、妇勤女红、崇尚节俭、各授职业、敬祭祖先、协护坟墓、整肃内外、惩戒忿戾/条文详分项目规训
109	1823	《祖训辞》	楼士扬等:《慈邑泾浦楼氏家规》,清道光三年书锦堂木活字本,浙江慈溪	父慈子孝,兄及弟恭。夫义夫听,长惠幼从。勤业俭用,慎始保终/条文未详分项目规训
		《祖训歌》	楼士扬等:《慈邑泾浦楼氏家规》,清道光三年书锦堂木活字本,浙江慈溪	孝悌身之本,传家耕读长。无逸终须逸,食间老不闲。甘酒酒不崇,嗜音音不祥。非义财务取,非礼色成奸。斗狼一朝忿,好讼乃为殃。忍辱比师德。积善有余庆,谦谦君子昌/条文未详分项目规训
		《族长训约》	楼士扬等:《慈邑泾浦楼氏家规》,清道光三年书锦堂木活字本,浙江慈溪	尊长、卑幼、父子兄弟、急公奉供/条文未详分项目规训
110	1824	《家规(道光四年)》	周添寿等:《毗陵邱墅周氏宗谱》卷三,清光绪二十八年爱莲堂木活字本,江苏武进	敦孝弟、慎祭祀、端品行、勤读书、重师傅、力稼穑、戒赌博、遏淫邪、勿酗酒、宽婢仆、本业、延师、嫁娶、内外、睦族、闺训/条文详分项目规训
111	1825	《来止公宗训十条》	柳蓉等:《京江柳氏宗谱》卷二,清道光五年思成堂木活字本,江苏镇江	忠于君、孝于亲、和于兄弟、睦于夫妇、信于朋友、教子孙、敦礼义、重廉耻、务勤俭、积德行/条文详分项目规训

续 表

序号	年份	篇目	出处	内容/体例形式
111	1825	《楷人公宗诫十六条》	柳蓉等:《京江柳氏宗谱》卷二,清道光五年思成堂木活字本,江苏镇江	戒宿娼、戒赌博、戒同族争财构怨、戒任子弟在外游荡、戒有子多置妾婢、戒什物衣食务求精美、戒纵妇女寺院烧香入尼庵嬉游、戒攀显宦结亲并借债嫁娶、戒蓄养歌童俊仆、戒购买古董玩物、戒酗酒争横、戒造假山园亭、戒狃于风水久露亲丧、戒烧炼致身家败灭、戒坐食不治生业、戒刚愎不听善言/单篇式规训
112	1825	《祖训》	王廷楚等:《武口王氏金源山头派支谱》,清道光五年木活字本,江西婺源	积善、孝父母、读书尚礼、坟墓、茔田、冠婚丧祭、冠礼、择婚、家和、丧礼、祭祀、祠堂、称谓、纠纷明断/条文未详分项目规训
		《家范》	王廷楚等:《武口王氏金源山头派支谱》,清道光五年木活字本,江西婺源	敦孝友、睦宗族、重家学、别男女、远佛老、勤生业、节财用、戒争讼、毋倚势/条文详分项目规训
113	1827	《家训》	张鲁山等:《皖桐张氏宗谱》卷一,清道光七年书鉴堂木活字本,安徽桐城	重坟、敦孝友、尚惇睦、端品行、勤耕读、供赋役、慎婚姻、别男女、崇节俭、谨丧葬、敬师友、戢僮仆、立宗子、定居长、广祭田、建祠堂、修谱牒、禁赌博/条文未详分项目规训
114	1827	《家范(道光七年)》	江国柱等:《江氏宗谱》卷一,清光绪五年爱山堂木活字本,安徽桐城	身教、孝友、称谓、婚姻、坟墓、尊卑、孝义勤俭、恤族众、敬宗族、讲忠孝、勿酗酒、勿好梨园、重蒙养、读书、勿嫖赌、正阃仪、祖茔、荫树、墓田、励举业、祖墓、家谱、务正业、教妇人、谨言语、不听妇言/条文未详分项目规训

续 表

序号	年份	篇目	出处	内容/体例形式
114	1827	《新增家范(道光七年)》	江国柱等：《江氏宗谱》卷一，清光绪五年爱山堂木活字本，安徽桐城	重修谱、供赋税、谨名号/条文详分项目规训
115	1827	《家规(道光七年)》	王荫甫等：《王氏宗谱》卷一，清同治五年培槐堂木活字本，安徽桐城	父母、祭祀、孝友、节俭、廉耻、资膏火、邻里、争讼、丘垄、禁嫖赌、户长/条文未详分项目规训
	1866	《本族旧谱家训》	王荫甫等：《王氏宗谱》卷一，清同治五年培槐堂木活字本，安徽桐城	修祖庙、保祖茔、立宗子、举户长、笃忠义、敦孝弟、治生理、重婚姻、肃闺阃、戒非为/条文详分项目规训
		《新增规范》	王荫甫等：《王氏宗谱》卷一，清同治五年培槐堂木活字本，安徽桐城	敦孝弟、敬尊长、和乡里、饬妇仪、务读书、勤本业、崇节俭、急官粮、禁赌博、戒充役/条文详分项目规训
116	1828	《家训》	冷能孝等：《冷氏族谱》卷首，清道光八年木活字本，江苏丹阳	建宗祠、守坟墓、至祭祀、修谱系、孝父母、和兄弟、尊师傅、谨婚姻、戒赌博、戒健讼/条文详分项目规训
		《新家训》	冷能孝等：《冷氏族谱》卷首，清道光八年木活字本，江苏丹阳	孝友、忠义、义命、器量、勤学、读书、农耕、婚嫁、救济、享祝/条文详分项目规训
117	1828	《宗规十诫》	皮恒昶等：《皮氏家谱》卷一，清道光八年两仪堂木活字本，湖南常德	戒不敦伦、戒淫、戒酒、戒赌、戒气、戒财、戒旷工、戒意恶、戒交游、戒立品/条文详分项目规训
118	1828	《家训八则》	何思忠等：《灵石何氏族谱》卷七，清道光八年刻本，山西灵石	崇祀典、修茔域、绍祖德、慎贻谋、肃闺范、睦宗族、敦诗书、端品行/条文详分项目规训

续 表

序号	年份	篇目	出处	内容/体例形式
119	1829	《续集家规(道光九年)》	何晋升,沙焕等:《毗陵沙氏族谱》卷一,清光绪九年百寿堂木活字本,江苏武进	敦孝弟、敬尊长、务读书、和乡党、饬妇女、勤本业、崇节俭、禁赌博、急官粮、戒争讼/条文详分项目规训
120	1829	《云度公训辞八则(道光九年)》	茅奎光等:《京白茅氏宗谱》卷八,清光绪九年木活字本,江苏镇江	修葺祖茔、建立宗祠、亲宗族、严承嗣、训子孙、勤职业、慎婚姻、禁为胥役/条文详分项目规训
121	1829	《宗训(道光九年)》	赵时芬等:《梅巷赵氏续修宗谱》卷一,清光绪九年惇叙堂木活字本,江苏无锡	敦孝弟、笃宗族、予职业、务勤俭、崇德行、摈匪类、行庆吊、恤患难、守训言、严劝惩/条文详分项目规训
122	1830	《祖训·恭录先大夫抑庄君手示伶仃孤苦说(道光十年)》	吴邦祺:《桂平吴氏谱》卷一,清光绪十三年刻本,广西桂平	先君讳捷升,广东广州府南海县人也,世居邑之黄鼎,司西隆堡石碣乡……/单篇式规训
123	1831	《家政》	作者不详:《钱氏宗谱》卷一,清道光十一年木活字本,浙江奉化	恭敬尽礼、务本、坟墓、传文法、择婚/条文未详分项目规训
		《宗规十条(又六条)》	作者不详:《钱氏宗谱》卷一,清道光十一年木活字本,浙江奉化	序德姓之根源、记世数之远近、明爵禄之高卑、序官阶之大小、表坟墓之所在、述娶妻之外氏、适女子之出处、彰忠孝之进仕、扬道德之遁逸、表节义之乡闾。又六条(崇祀以教孝思、睦邻以会同宗、孝悌以肃家风、耕读以务本业、择配以选良家、赈济以活贫穷)/条文详分项目规训

续 表

序号	年份	篇目	出处	内容/体例形式
123	1831	《遗训》	作者不详:《钱氏宗谱》卷一,清道光十一年木活字本,浙江奉化	孝悌、和睦、相恤/条文详分项目规训
124	1831	《宗规(道光十一年)》	李贤塾等:《李氏宗谱》卷二,清同治七年存仁堂木活字本,湖南新市	国课、伦理、执业、立品、禁为卑贱、婚姻、抚继、夫妻、父子、坟墓/条文未详分项目规训
125	1831	《家范》	张汝翰等:《张氏族谱》卷三,清道光十一年贻毂堂刻本,山东乐陵	墓祭、修墓、族会、家训、立祖庙/条文详分项目规训
126	1832	《家训(杨氏家规)》	华锦章,杨承霈等:《润州杨氏族谱》卷一,清道光十二年木活字本,江苏镇江	敬祖宗、严家训、明宗亲、联族谊、务本业、厚风俗、习宗仪、禁奢侈、儆无良/条文详分项目规训
127	1833	《族范(道光十三年)》	袁缉熙等:《袁氏宗谱》卷三,清光绪四年敦本堂木活字本,江苏江阴	供子职、循弟道、睦兄弟、和夫妇、重婚姻、重丧葬、诚祭祀、谨茔墓、联宗族、勿兴讼、恤亲邻、务勤俭、贵读书、定生理、治家严整、守身知耻、立心仁恕、做事忠信、持躬敬慎、临财辨义利、戒嫖赌/条文详分项目规训
128	1833	《家规六要》	田忠明等:《柳湖田氏宗谱》,清道光十三年木活字本印本,江苏丹徒	敬宗之要四(重宗祠、劝辑谱、禁丧祭、祥墓志);敦伦之要三(孝父母、和兄弟、正妻妾);教家之要三(严义方、谨内则、禁无益);睦族之要二(敬尊长、相保全);保身之要二(禁逋赋、禁非为);保家之要三(戒酗酒、戒赌博、戒争讼)/条文详分项目规训

续 表

序号	年份	篇目	出处	内容/体例形式
128	1833	《新增家训》	田忠明等:《柳湖田氏宗谱》,清道光十三年木活字本印本,江苏丹徒	修身(崇正学、亲师友、穷性命、明道德、端心术、修言行、饰容体、宏度量、积阴骘);次齐家(顺父母、和兄弟、肃内外、教子孙、正妻妾、敬尊长、择婚姻、恤奴仆、力农亩、广生息、省冗费、防饥馑、完钱粮);次睦族(明世系、设科条、教俊秀、恤孤寡、同欣戚、息忿争、救患难、通有无);垂戒(毋启争讼、毋习赌博、毋纵物欲、毋比匪人、毋轻置妾、毋立异姓、毋任妇女违规、毋纵子弟淫荡、毋与僧道往来、毋为佛僧乱俗)/条文详分项目规训
129	1834	《旧订家规六要》	陈廷柏等:《黄塘陈氏续修族谱》,清道光十四年介福堂木活字本印本,湖南	保祖茔、修谱牒、孝父母、和兄弟、联族众、正名分、禁乱伦、戒子弟、督专业、戒争讼、遵公断、行冠礼、严婚礼、严继嗣、尽丧礼、尽祭礼/条文详分项目规训
		《旧家训十劝》	陈廷柏等:《黄塘陈氏续修族谱》,清道光十四年介福堂木活字本印本,湖南	劝孝父母,劝和兄弟,劝睦族人,劝训子弟,劝安本分,劝敦品行,劝戒品行,劝戒奢华,劝勿嫖赌、劝守家规。尊祠堂、重祭产、长族房、全谱牒、完钱粮、端士习、严家课、崇节俭、禁鬻儿、戒溺女/条文详分项目规训
130	1835	《子陵公家训》	严大纲等:《富春严氏宗谱》,清道光十五年遂安严氏刻本,浙江遂安	心吉、善心、奢、贪、亲贤、学……/条文未详分项目规训
131	1836	《家约》	何佳琛等:《京江何氏支谱》卷下,清道光十六年无违堂刻本,江苏镇江	祭祀、坟茔、父母、兄弟、忍让、戒饮博、亲检门户、契券载明/条文未详分项目规训

续 表

序号	年份	篇目	出处	内容/体例形式
132	1836	《族祠训约六则(道光十六年)》	胡家璜等:《钱溪胡氏族谱》卷首,清光绪三十二年德厚堂木活字本,江西吉安	专好业、读好书、隆好师、行好事、说好话、发好财/条文详分项目规训
	1906	《训族条约十则》	胡家璜等:《钱溪胡氏族谱》卷首,清光绪三十二年德厚堂木活字本,江西吉安	敦人伦、崇礼让、化气习、急赋税、远异教、尚节俭、警闲惰、安分谊、慎酒德、惩凶暴/条文详分项目规训
133	1837	《尊生公家训七则》	田景铭等:《萧山道源田氏宗谱》卷三,清道光十七年紫荆堂木活字本,浙江萧山	养心田、端身范、严闺阃、习勤俭、凛国法、慎交游、防火盗/条文详分项目规训
134	1837	《家训八则》	张元等:《京口张氏重修族谱》卷一,清道光十七年木活字本,江苏镇江	孝养父母、友爱兄弟、和睦宗族、联属姻亲、潜心诵读、安分生理、勤俭持家、忍耐处世/条文详分项目规训
135	1838	《家规(道光十八年)》	朱儒鸿:《柳峰朱氏宗谱》卷一,清同治十二年敦睦堂木活字本,安徽桐城	重国课、遵上谕、敬祖宗、敦孝弟、重本业、教子孙、睦宗族、和乡里、禁打降、积公堂、紧租则、惜坟荫/条文详分项目规训
	1873	《家规》	朱儒鸿:《柳峰朱氏宗谱》卷一,清同治十二年敦睦堂木活字本,安徽桐城	立宗子、举户长、修祖庙、谨茔墓、积公租、设义田、教子弟、敦孝友、笃忠义、睦家族、重婚姻、肃闺阃、治生理、积阴德、奖节烈、尚德行、习文艺、勤耕织、崇俭约、戒游荡、禁刁讼、戒嫖赌、禁奸盗、禁贱役/条文详分项目规训
136	1839	《家规八则》	朱淳高等:《润东朱氏族谱》卷十二,清道光十九年活字本,江苏镇江	敦孝悌、务耕读、崇节俭、戒赌博、惩游惰、禁祠讼、谨祭祀、修谱牒/条文详分项目规训

续 表

序号	年份	篇目	出处	内容/体例形式
137	1839	《通族议立家范》	马汉卿等:《京江马氏宗谱》卷首,清道光十九年木活字本,江苏镇江	孝亲、兄弟、坟墓、默受诃责、夫妇、守节、教女、睦族、尊卑、闺范、丧葬、交游、戒出继溺子、勤俭、族长、立规必行、祠宇、义田/条文详分项目规训
138	1839	《家规》	章世旻等:《章氏宗谱》卷一,清道光十九年培根堂刻本,安徽	遵法制、敦孝顺、明友恭、慎丧祭、睦宗族、重婚姻、尽职业、肃闺阃、旌节孝、资贫乏、敬师长、鼓诵读、完赋税、崇节俭、秉端方、理茔墓、惩词讼、警凶暴、戒邪淫、禁赌博/条文详分项目规训
139	1839	《家规补遗》	程启瑞等:《皖怀程氏支谱》卷一,清道光十九年四箴堂木活字本,安徽怀宁	正名分、勉上进、旌节孝、谨继嗣、助婚丧、重廉耻、戒赌博、严侵占、恤坟茔、尊谱牒/条文详分项目规训
140	1840	《宗训》	汪熙等:《汪氏宗谱》卷一,清道光二十年义和堂刻本,江苏宜兴	立身宜孝友、奉先宜敬谨、居心宜忠厚、读书宜勤尤当尊师择友、处事宜方正而谦和、持家宜节俭而有礼、家教宜整齐严肃、家风宜维持约束、驭下宜有恩而有法/条文未详分项目规训
141	1840	《家训》	陆徵君等:《东溪陆氏支谱》卷首,清道光二十年刻本,浙江吴兴	孝弟、重教子、肃闺门、正名分、睦宗族、端品行、慎交友、务勤俭/条文详分项目规训
		《先曾祖珍和公庭训》	陆徵君等:《东溪陆氏支谱》卷首,清道光二十年刻本,浙江吴兴	创业守成,皆非易事,而守成更难于创业。盖创业原无先人资产……/单篇式规训

续 表

序号	年份	篇目	出处	内容/体例形式
142	1840	《家规(道光二十年)》	王道一等:《王氏宗谱》卷首,清光绪二十一年五侯堂木活字本,安徽桐城	敦孝弟、笃友恭、急国税、慎祭祀、保坟荫、禁侵占、重婚姻、严同姓、谨立继、治生理、戒钉隙、专户令/条文详分项目规训
	1895	《家规(光绪二十一年)》	王道一等:《王氏宗谱》卷首,清光绪二十一年五侯堂木活字本,安徽桐城	立宗子、举户长、修祖庙、谨茔墓、敦孝友、笃忠义、重婚姻、肃闺阃、教子弟、睦家族、治生理、设义田、禁刁讼、禁贱役、禁嫖赌、禁奸盗/条文详分项目规训
		《家范(光绪二十一年)》	王道一等:《王氏宗谱》卷首,清光绪二十一年五侯堂木活字本,安徽桐城	诗书、修身、父道、闺门、睦族、保身、循礼、孝弟/条文未详分项目规训
143	1841	《家训》	沈豫等:《长巷沈氏续修宗谱》卷二十六,清道光二十一年承裕堂木活字本,浙江萧山	公持公、竹林公、二十一公、其章公、梅雪公、孟博公、蝬庵公、驾山公……/单篇式规训
144	1841	《家规》	杨德华等:《浦阳人峰杨氏宗谱》不分卷,清道光二十一年刻本,浙江浦江	孝亲、兄弟、明四行四维、教子、禁斗讼、务本业、和乡党/条文未详分项目规训
145	1841	《家训上》	张景焘等:《重修登荣张氏族谱》卷二十,清道光二十一年木活字本,浙江绍兴	始祖彦良公遗训、仁宝公遗子书、念斋公念天斋铭(乾隆己亥)、念斋公家教十则(胎教、初生、初学、习业、师友、事亲、敬身、友于、夫妇、内助)、张侗初先生却金堂箴、处世要言/条文详分项目规训
		《家训中》	张景焘等:《重修登荣张氏族谱》卷二十一,清道光二十一年木活字本,浙江绍兴	《朱子治家格言》《陆梭山正本制用篇》《袁氏世范》《杨椒山遗训》等/先祖与先贤训言结集

续 表

序号	年份	篇目	出处	内容/体例形式
145	1841	《家训下》	张景焘等:《重修登荣张氏族谱》卷二十二,清道光二十一年木活字本,浙江绍兴	《朱柏庐劝言》《顾亭林日知录》《张杨园训子语》等/先祖与先贤训言结集
146	1841	《家训(约道光二十一年)》	戴迪吉等:《皖桐香山戴氏宗谱》卷首,清同治七年木活字本,安徽桐城	父子有亲、君臣有义、夫妇有别、长幼有序、朋友有信/条文详分项目规训
		《家戒(约道光二十一年)》	戴迪吉等:《皖桐香山戴氏宗谱》卷首,清同治七年木活字本,安徽桐城	葬亲、祭墓、敬冢、同心、循理、敦旧、防欲、慎婚、守身、闲家、急公、畏法、矜本、畏祸、自卑、中礼、忍忿、尚义、习勤、正名、敬师、孝友、敦睦、体恤、宽厚/条文详分项目规训
		《家规(道光二十一年)》	戴迪吉等:《皖桐香山戴氏宗谱》卷首,清同治七年木活字本,安徽桐城	户长、广祭田、建祠堂、设义学、择贤师、续世派、修宗谱、宣训戒/条文详分项目规训
		《家规(道光二十一年)》	戴迪吉等:《皖桐香山戴氏宗谱》卷首,清同治七年木活字本,安徽桐城	亲恩、兄弟、钱漕、祖墓、祖山荫树、祖坟荫树、祖宗墓田、婚姻、立继、禁构讼、恒业、举户尊房长/条文未详分项目规训
147	1842	《张氏宗祠家训》	张士兰等:《张氏宗祠》卷一,清道光二十二年百忍堂木活字本,河南商城	孝父母、和兄弟、敬坟祠、教子孙、尊法度、输钱粮、勤职业、节财用、闲内外/条文未详分项目规训
148	1843	《祖训引》	水兴骙等:《水氏宗谱》卷二,清道光二十三年木源堂木活字本,浙江鄞县	宗祠尊奉、祖宗神位、子孙入学助银、登科第子祭祖、尊敬……/条文未详分项目规训

续 表

序号	年份	篇目	出处	内容/体例形式
149	1843	《家规(道光二十三年)》	裴旸等:《云阳裴氏宗谱》卷四,清同治十三年绿野堂木活字本,江苏丹阳	统论(士有九德、人欲从祀圣庙有五、人有七不可犯、人有十不齿、做人十二不、子弟有六不肖)、读书、明理、存心、立身、言行、慎言、谨行、君臣、父子、夫妇、兄弟、朋友、宗族、杂录(藏书、造屋、买卖田产、奴仆、禁异端)、冠昏丧祭祀礼仪注/条文详分项目规训
150	1843	《家规》	作者不详:《拱辰刘氏七修族谱》,清道光二十三年校书堂木活字本,湖南茶陵	固宗盟、敦族谊、崇孝弟、慎奉终、急埋葬、隆祀典、勤典扫、修德行、纳言语、务学问、力耕种、谨婚姻、严内则、秩名分、正礼教、守节俭、惩忿争、择交游、立宗法、重乡饮/条文未详分项目规训
151	1844	《宗规》	方仁桢:《虞嵊方氏宗谱》卷一,清道光二十四年木活字本,浙江上虞	崇祀、孝悌、择配、睦邻、济贫/条文详分项目规训
		《家政》	方仁桢:《虞嵊方氏宗谱》卷一,清道光二十四年木活字本,浙江上虞	读书、慎言、兄弟、恭夫妇、敬宗族、和睦、嫁娶、患难……/条文未详分项目规训
		《遗训》	方仁桢:《虞嵊方氏宗谱》卷一,清道光二十四年木活字本,浙江上虞	孝弟、和睦、恤患难、恭敬敬礼、耕读、和睦、祭祀、茔产/条文未详分项目规训
152	1844	《宗约》	陈启兰等:《古润开沙丁氏重修族谱》卷二,清道光二十四年留余堂活字本,江苏镇江	禁不孝不悌、禁凌犯尊长、禁拖欠钱粮、禁荡费家产、禁奸盗邪淫、禁逞凶争斗、禁赌钱宿娼、禁酗酒撒泼、禁健讼刁唆、禁违例放债、禁谋买方员、禁债准田地/条文详分项目规训

续 表

序号	年份	篇目	出处	内容/体例形式
152	1844	《家训》	陈启兰等:《古润开沙丁氏重修族谱》卷二,清道光二十四年留余堂活字本,江苏镇江	修谱系、谨封茔、遵祖训、孝父母、和兄弟、睦宗族、正夫妇、敬尊长、择婚姻、慎交好、崇正学、法古人、谨闺阃、修言行、习勤俭、务耕织、广生息、防饥馑、急条粮、戒酗淫、禁斗殴、惩讦讼、绝赌博、儆结怨、立宗法、颁宗约、全宗谊、齐宗族、贬愚顽、哀茕独、培俊秀、笃亲旧、厚邻里、恤义男、宽臧获/条文详分项目规训
153	1845	《太傅仔钧公家训(道光二十五年)》	章贻贤:《会稽偁山章氏家乘》卷一,清光绪二十二年世德堂木活字本,浙江绍兴	忠君上、孝父母、友兄弟、别夫妇、睦亲族、教子孙、继绝世、正术业、勤本职、崇俭约、励廉隅、谨言动、敦谦让、慎婚配、重丧祭、建祠宇、治茔葬、立墓碑、置祭田、保荫木、禁盗卖、谨称呼、戒争讼、除凶暴/条文详分项目规训
154	1846	《家规条约》《新增规议》	甘怀和等:《东关甘氏支谱》卷二,清道光二十六年东关甘氏永思堂木活字本,江西南昌	图谱、祭祀、宗祠、祖坟、祖山、续修谱、婚嫁、继嗣、丧葬、孝弟、宗族、内外、正业、禁酗酒赌博、国课、词讼、教子侄、旌表、恤族、居官、新进主牌、禁溺女、励学、祠产/条文未详分项目规训
155	1846	《宗规》	王全芝等:《龙池王氏宗谱》卷首,清道光二十六年木活字本,江西婺源	孝顺、积善、家和、坟墓、称谓、族争、读书冠礼、择婚丧礼/条文未详分项目规训
		《家法》	王全芝等:《龙池王氏宗谱》卷首,清道光二十六年木活字本,江西婺源	敦孝友、重家学、别男女、崇典礼、远佛老、勤生业、节财用、戒争讼、毋依势/条文详分项目规训

续 表

序号	年份	篇目	出处	内容/体例形式
155	1846	《庭训》	王全芝等:《龙池王氏宗谱》卷首,清道光二十六年木活字本,江西婺源	孝悌忠信礼义廉耻/条文详分项目规训
156	1847	《祖训(道光二十七年)》	沈士洛:《睢阳沈氏家谱》卷首,清道光二十七年刻本,河南睢阳	尊祖、孝亲、事长、恤幼、立志、务学、干事、守身、治家、交友、处事、行善/条文详分项目规训
		《宗规》	沈士洛:《睢阳沈氏家谱》卷首,清道光二十七年刻本,河南睢阳	伦常、祭祀、祠堂、族人纷争、赌博、演戏、成名者、守节、立继、禁同姓婚/条文详分项目规训
157	1847	《志道公十训》	舒道观:《屏山舒氏宗谱》卷一,清道光二十七年黟县舒氏堂木活字本,安徽黟县	不许入衙门、不许做状师、不许与小姓结亲、不许赌博、不许妇女入庵堂寺观烧香、不许倾败祀会祀产、不许做屠宰、不许克剥贪小利、不许残虐细民……/条文详分项目规训
158	1847	《家范》	王琪元等:《祁邑苦竹王氏宗谱》卷一,清道光二十七年宗德堂木活字本,安徽祁门	敦孝友、睦宗族、勤生业、节财用、戒争讼、戒倚势、崇典礼、远佛老、别男女、重家学/条文未详分项目规训
159	1847	《族规》	黄培芳:《黄氏家乘》卷首,清道光二十七年纯渊堂刻本,广东中山	翻刊先世书籍、重修族谱、田产、谒祖花红金、祠祭加胙、费用补助、责处革胙、抚恤鳏寡孤独/条文未详分项目规训
160	1848	《家训》	余天灿等:《高阶余氏宗谱》卷一,清道光二十八年达德堂刻本,浙江龙游	教孝行、修弟职、务立身、端士品、明尊卑、正家法、慎交游、宜择术/条文详分项目规训

续 表

序号	年份	篇目	出处	内容/体例形式
161	1848	《家规(道光二十八年)》	承儁尊等:《毗陵承氏宗谱》卷首,清光绪五年德扬堂木活字本,江苏武进	敦孝弟、择师友、励行检、肃闺阃、睦宗族、端术业、卜邻里、训勤俭、息争讼、惩赌博、崇礼让、慎嫁娶、养童蒙、培根本/条文详分项目规训
162	1848	《密庵公家训》	刘佑南等:《阳湖升东刘氏宗谱》卷一,清道光二十八年五忠堂木活字本,江苏武进	壬子小暑日,不肖祺曾读书庭中。大人呼之前曰,所贵读书,原要检束身心,变化气质,学为圣贤人。君子不可横着富贵念头。……读书要寻实际,不是悠悠泛泛,徒然口诵心记。如读文字,先将题理看透,再将题之上下左右看明,仍掩卷思量,我若遇此题,当如何作文。然后看其布局,看其段落开合呼应/单篇式规训
163	1848	《家规》	蔡文萦:《德清吴塘柯桥蔡氏宗谱》卷一,清道光二十八年乐心堂木活字印本,浙江绍兴	崇礼教、端趋向、重谱牒、正名分、睦宗族、持丧服、豫蒙养、尊师傅、尚节俭、肃闺门、戒奸淫、禁邪巫、急赋役、止争讼、严婢仆/条文详分项目规训
164	1848	《三世祖米脂公训诫》	张雅诗:《宁邑张氏族谱》不分卷,清道光二十八年刻本,河南宁陵	勤惰、四戒(勿嗜酒、勿放旷、勿多言、勿高傲)、四劝(要读书、要勤耕、要明理、要和气)/条文未详分项目规训
165	1849	《吴氏族规(道光二十九年)》	吴士迈等:《吴氏族规》,清光绪十四年景娄堂刻本,湖南岳阳	孝弟、名分、祠墓、典礼、国课、职业、节俭、蒙养、妇道、伦理、淫恶、窃盗、争讼、周助、约束宜严、条约宜讲、恩义宜笃、恶俗宜革、演戏宜禁、水利宜兴/条文详分项目规训

续 表

序号	年份	篇目	出处	内容/体例形式
166	1849	《计开规条(道光二十九年)》	朱尔昌:《紫阳朱氏重修宗谱》卷首,清同治六年刻本,安徽桐城	国课、孝弟、烈节、修祠、祭祀、婚姻、承祧、公田、妇女、务本业、戒争讼、户尊房长/条文未详分项目规训
	1867	《文公家训》	朱尔昌:《紫阳朱氏重修宗谱》卷首,清同治六年刻本,安徽桐城	衣服冠履、言语步趋、洒扫涓洁、读书写文、杂细事宜/条文未详分项目规训
		《治家规训》	朱尔昌:《紫阳朱氏重修宗谱》卷首,清同治六年刻本,安徽桐城	孝父母、和兄弟、谨夫妇、训子弟、慎交游、睦宗族、慎婚姻、重母党、和邻里、培书香、隆西席、正名分、别内外、恤孤寡、尚勤俭、立志节、严立继、重祭祀、培祖墓、速葬埋、禁葬公山、戒嫖赌、除窃盗、戒酗酒、举户长、培公堂、禁妇女烧香看戏、禁专信释道、禁当差排优/条文未详分项目规训
167	1849	《家训(道光二十九年)》	胡言杰等:《桐西胡氏宗谱》卷一,清光绪三十年荫远堂木活字本,安徽桐城	父之所贵者慈也,子之所贵者孝也,君之所贵者仁也,臣之所贵者忠也,兄之所贵者爱也/单篇式规训
		《家规(道光二十九年)》	胡言杰等:《桐西胡氏宗谱》卷一,清光绪三十年荫远堂木活字本,安徽桐城	立宗子、举户长、修祖庙、谨茔墓、敦孝友、笃忠义、重婚姻、肃闺阃、教子弟、睦家族、治生理、设义田、禁刁讼、禁贱役、禁嫖赌、禁奸盗/条文详分项目规训
		《家规(道光二十九年)》	胡言杰等:《桐西胡氏宗谱》卷一,清光绪三十年荫远堂木活字本,安徽桐城	国课、孝弟、建祠、祖墓、祭田、生业、戒争讼、承祧续嗣、节烈孝义、尊长卑幼、赒恤鳏寡孤独、户长/条文未详分项目规训

续 表

序号	年份	篇目	出处	内容/体例形式
168	1851	《族规(咸丰元年)》	阎大镛等:《阎氏续修族谱》卷首,清同治十一年刻本,湖北宜昌	宗祠、祭田、祭祀、尊卑、励学、恤族/条文未详分项目规训
169	1851	《家训》	魏晓方等:《魏氏族谱》卷一,咸丰元年木活字本,浙江润州	修世系、忘之患、重祠宇、谨祭祀、孝父母、友兄弟、敬长上、训子孙、正名分、志坟墓、戒赌博、广阴德、屏蠹行/条文详分项目规训
170	1852	《家训》	秦忠:《秦氏宗谱》,清咸丰二年有鹿堂木活字本印本,安徽龙舒	孝顺父母、尊敬长上、和睦乡里、教训子弟、各安生理、毋作非为/条文详分项目规训
171	1855	《家规十二则》	裴元荣等:《湾里裴氏宗谱》卷一,清咸丰五年敦本堂刻本,安徽黟县	早完国课、敬修家政、抚恤孤寡、训饬子弟、劝释词讼、敦尚农桑、端立品谊、教听训言、革薄从厚、去奢崇俭、毋专己利、勿谈人短/条文详分项目规训
172	1858	《宗规》	张建孚等:《曲江张氏族谱》卷一,清咸丰八年铁城思远堂刻本,广东曲江	孝弟、学术、钱粮、本业、窃盗、构讼、雠忿、祀尝、山坟、冢树/条文详分项目规训
173	1859	《家规(咸丰九年)》	狄绵宙:《湘阴狄氏家谱》卷五,民国二十七年刻本,湖南	钱粮、祠宇、孝父母、祖墓、戒窝窃分赃、戒博弈饮酒、尊卑、戒淫、祀田、教子弟、祠内董事、禁黑夜游行、夫妇、扰害乡里、服毒坐拚/条文未详分项目规训
174	1864	《家训》	李秉人,李齐荫等:《龙船港李氏五修族谱》卷三,清同治三年西平堂刻本,湖南湘潭	人心莫测,因言以宣。躁隐与瞽,是谓三愆。出好兴戎,为日是占。枢机之发,四马无前。溺同于水,防甚于川。修身以践,矢口为虔/条文详分项目规训

续 表

序号	年份	篇目	出处	内容/体例形式
174	1864	《家规》	李秉人,李齐荫等:《龙船港李氏五修族谱》卷三,清同治三年西平堂刻本,湖南湘潭	正心术、端品行、励廉耻、慎言语、勤教读、务农业、守节俭、戒邪淫、肃闺门、恤孤贫、惜字纸、禁屠宰、笃本源、崇祭祀……/条文详分项目规训
175	1864	《家规》	李鸾:《寿昌李氏宗谱》卷一,清同治三年笃亲堂刻本,湖北武昌	宗祠、茔墓、尊卑、祭田、励学、本职、读书、教子孙/条文未详分项目规训
176	1865	《老谱家规》	毛学明等:《桐城毛氏宗谱》卷二,清同治四年文华堂刻本,安徽桐城	当祭祀、孝父母、敬长上、和兄弟、宜夫妇、教子孙、重婚姻、肃闺阃、择朋友、安生业、敦礼义、培节义、御外侮、崇遗体/条文详分项目规训
		《新辑家训十目(附家训三戒三惩、朱文公家训)》	毛学明等:《桐城毛氏宗谱》卷二,清同治四年文华堂刻本,安徽桐城	隆师、读书、务农、勤耕织、完粮、重姻、厚下、睦邻、息讼、积善、戒割股、戒奢非、戒嗜利、惩游惰、惩赌博、惩淫行/条文详分项目规训
177	1865	《家规》	璩光烁等:《皖桐璩氏族谱》卷首,清同治四年璩氏世德堂、遗经堂木活字印本,安徽桐城	宗法、立宗长、修宗祠、置祭田、别嫡庶、严立继/条文详分项目规训
		《家训》	璩光烁等:《皖桐璩氏族谱》卷首,清同治四年璩氏世德堂、遗经堂木活字印本,安徽桐城	孝父母、肃闺阃、敬长上、厚宗族、重师傅、教子弟、恤奴婢、睦邻里、敦信义、尚勤俭/条文详分项目规训
		《家禁》	璩光烁等:《皖桐璩氏族谱》卷首,清同治四年璩氏世德堂、遗经堂木活字印本,安徽桐城	赌博、健讼、学戏、当差、妇入寺院烧香、男女舍为僧道、盗葬祖山、盗斫荫树、分散继租/条文未详分项目规训

续 表

序号	年份	篇目	出处	内容/体例形式
178	1865	《祠规》	吴广财等:《延陵荆村吴氏宗谱》卷一,清同治四年木活字本,江苏丹阳	禁不孝、禁不弟、禁称呼越分、禁拜节逃避、禁挟势欺人、禁嫖赌、禁词讼、禁窃盗、禁调奸、禁招赘、禁帮夫争门、禁恶逆/条文详分项目规训
178	1865	《祭议·家规》	吴广财等:《延陵荆村吴氏宗谱》卷一,清同治四年木活字本,江苏丹阳	敬父母、教子弟、和邻里、勤耕读、择婚姻、肃闺阃、完国税、交易公平、勿奢侈、勿淫荡、勿赌博、勿饮酒逞凶、勿争斗、勿凌虐、勿欺侮、勿结讼、勿窃奸、勿犯法、勿鬻子、勿溺女、勿黜妻、勿奴仆、勿当役、勿用低假银钱/条文详分项目规训
178	1865	《家规》	吴广财等:《延陵荆村吴氏宗谱》卷一,清同治四年木活字本,江苏丹阳	肃静祠宇、谨饬祠务、敦尚伦理、教训子孙、永戒词讼、严谨坟墓/条文详分项目规训
179	1865	《家训》	谢启贤等:《黄冈吕阳村谢氏宗谱》卷之首二,清同治四年宝树堂木活字本,湖北黄冈	敦孝友、崇礼义、务勤俭、肃闺门、正名分、教子孙、慎交游/条文未详分项目规训
179	1865	《家规》	谢启贤等:《黄冈吕阳村谢氏宗谱》卷之首二,清同治四年宝树堂木活字本,湖北黄冈	修祠堂、严祭祀、培祖茔、择户首、警游惰、戒争讼、正家塾/条文详分项目规训
180	1866	《家规十条》	朱达程等:《朱氏族谱》卷一,清同治五年紫阳堂木活字本,江西萍乡	勤学训子、敬祖念坟、和宗睦族、勤耕习艺、守善安分、固本御侮、势力莫倚、嫖赌莫亲、记德书功、正本立继/条文详分项目规训

续 表

序号	年份	篇目	出处	内容/体例形式
181	1866	《世谱家训》	钱元焕等：《崇川钱氏世谱》不分卷，清同治五年惇叙堂刻本，江苏南通	敦孝悌、别男女、睦宗族、勤职业、节财用、息争讼、戒酒色、远僧尼、尊圣训、豫蒙养、展祠墓、重谱牒/条文详分项目规训
182	1866	《家训》	朱维义等：《兰溪方氏重修族谱》卷一，清同治五年余庆堂木活字印本，浙江慈溪	重祠宇、修谱系、志坟墓、谨祭祀、敬尊长、正名分、孝父母、和兄弟、正妻妾、谨内则、严义方、务本业、禁讼争、戒赌博、睦宗族、遵礼法、崇节俭、存忠厚、急赋税、择交游/条文详分项目规训
183	1866	《家规》	叶国文等：《陆叶氏宗谱》卷首，清同治五年崇本堂木活字本，安徽桐城	崇国典、供赋税、立宗子、举户长、重祖茔、建祠堂、置祭田、顺父母、和兄弟、亲宗党、戒灭伦、重婚姻、肃闺阃、惩刁讼、戒嫖赌、御婢仆/条文详分项目规训
184	1866	《家训》	王际春等：《太原王杨氏支谱》卷二十九，清同治五年敦睦堂刻本，安徽潜山	孝父母、教子孙、保祖茔、肃闺门、睦宗族、慎交游、和邻里、积德行、完钱粮、息争端、重丧祭、戒淫恶、戒溺女、使仆婢/条文详分项目规训
		《家规》	王际春等：《太原王杨氏支谱》卷二十九，清同治五年敦睦堂刻本，安徽潜山	国课、孝悌、坟墓、礼义、争讼、嫖赌/条文详分项目规训
185	1867	《谕族》	余光玺等：《余氏宗谱》卷二，清同治六年忠裔堂木活字本，安徽桐城	耕读、鄙惟利、禁游惰、节俭、畏王法、谨丧葬、从亲谏、耕读俭让、勿惑异术/条文未详分项目规训
186	1867	《吴氏家规（同治六年）》	吴重仁等：《吴氏宗谱》卷一，清光绪六年刻本，安徽合肥	不准开设鸦片烟馆、不准亲族相讼、不准登台唱戏、不准充当衙役、不准聚赌/条文详分项目规训

续 表

序号	年份	篇目	出处	内容/体例形式
186	1880	《处家良箴(光绪六年)》	吴重仁等:《吴氏宗谱》卷一,清光绪六年刻本,安徽合肥	尚礼义、子孙耕读、俭勤、完官税、庭除洒扫、肃闺门、尊师重医、戒饮、毋暴殄天物、居丧循礼、交易分明、敬祀、幼者举动听命于家长、勿疏穷亲、戒争讼、不信祷赛、不听妇人言、不闻嬉笑詈骂、婚姻不慕势利、田宅不求方圆、座右多格睦语、能忍、常畏清议、畏法度、积阴骘……/条文未详分项目规训
187	1868	《家政三十二则》	伍受楷:《伍氏家乘》卷一,清同治七年思远堂木活字本,安徽桐城	尊宗子、立家督、置房长、急输将、广圣恩、敦孝行、尽友恭、营葬地、保坟墓、修祠屋、守祭田、明祀典、敬祀事、谨丧事、尊冠礼、慎名讳、重婚姻、饬夫妇、肃闺门、务正业、戒末贱、正名分、严继嗣、表前贤、励后进、隆师傅、笃故旧、择交游、惩争讼、儆惰侈、恤宗族、振户气/条文详分项目规训
188	1869	《家训》	罗孝龙:《桂阳罗氏族谱》卷首,清同治八年刻本,湖南	孝弟、宗党、尊卑、耕读、争讼、立嗣、奴仆、宗庙、祭祀、墓祭、宗子、家礼(冠婚丧祭)/条文未详分项目规训
		《家训》	罗孝龙:《桂阳罗氏族谱》卷首,清同治八年刻本,湖南	胡匏更先生蒙养诗教:(立、行、坐、笼手、拱手、肃揖、展拜、着衣、吃饭、应对、静声、敛气、寝息、出恭、洒扫、事亲、事兄、尊师、处友、见宾、读书、写字、歌诗)/先祖与先贤训言结集

续 表

序号	年份	篇目	出处	内容/体例形式
189	1869	《家规》	钟先藏等：《杨钟氏宗谱》卷一，清同治八年钟氏世清堂木活字本，安徽桐城	孝父母、重君恩、和兄弟、笃夫妇、务本业、凛国宪、息争讼、教子孙、和邻里、睦宗族、重丧祭、崇节俭、正名分、置祭田、肃闸范、重谱牒/条文详分项目规训
190	1870	《家规录(同治九年)》	陈泰等：《颍川陈氏支谱》卷十八，清光绪二十五年铅印本，江苏吴县	父子、兄弟、夫妇、婚礼、冠礼、丧礼、祭礼、禁赌博饮酒、禁埋没钱粮、禁礼敬僧道、嫁娶、读书、节俭、医家众、闺范、继立、秤斗务平、及时、御下、宽租债、国课、修桥、置产、巡防、礼贤士、广储书籍、乡邻、禁私置饮食、睦族、敬长、救饥荒/条文未详分项目规训
191	1870	《家规》	王瑞广等：《云阳包港王氏族谱》卷一，清同治九年三槐堂木活字本，江苏丹阳	振祠宇、崇祀事、严义方、敦族谊、治生理、戒争讼、继书香、惇孝弟、重嗣续、肃闺门/条文详分项目规训
192	1870	《家训》	王东皋：《汤阴王氏族谱》卷一，清同治九年三槐堂藏版印本，河南安阳	重祠宇、崇祀事、严义方、敦族谊、敦孝悌、中立嗣、肃闺门/条文详分项目规训
193	1870	《家庙祖诫》	朱城等：《萧山翔凤朱氏宗谱》卷二，清同治九年爱敬堂木活字本，浙江萧山	勿听妇人言、勿私积货财、勿荒废职业、勿怀蓄小怨、勿以少凌长、勿私占便宜、勿好尚纷华、勿驰情赌博、勿近狎小人、勿存心刻薄/条文详分项目规训
		《家规十条》	朱城等：《萧山翔凤朱氏宗谱》卷二，清同治九年爱敬堂木活字本，浙江萧山	重孝悌、严教训、励廉节、别是非、和乡里、务职业、遵礼法、勤蓄聚、守器皿、勤洒扫/条文详分项目规训

续 表

序号	年份	篇目	出处	内容/体例形式
194	1870	《家规》	吕洪裕等:《白沙圩吕氏宗谱》卷六,清同治九年渭起堂木活字本,江苏无锡	敦孝弟、慎祭祀、端品行、勤读书、肃官箴、重师傅、力稼穑、择交游、睦宗族、和妯娌、戒赌博、遏邪淫、毋骄奢、恤贫乏、勿酗酒、宽婢仆/条文详分项目规训
		《宗规》	吕洪裕等:《白沙圩吕氏宗谱》卷六,清同治九年渭起堂木活字本,江苏无锡	遵国宪、崇祠墓、守家礼(婚冠丧祭)、辨族类、重谱牒、正名分、敬节义、救灾患、恤贫苦、勤讲约/条文详分项目规训
		《宗约》	吕洪裕等:《白沙圩吕氏宗谱》卷六,清同治九年渭起堂木活字本,江苏无锡	尊祖先、敦孝友、睦宗族、崇礼让、勤职守、尚节俭、慎婚配、训子孙、谨嗣续、积德业/条文详分项目规训
195	1870	《家训十则》	范显模等:《范氏族谱》不分卷,清同治九年高平堂木活字本,湖南宁乡	敬天地、孝父母、友兄弟、笃宗族、固姻亲、和邻里、重宾师、择交游、治稼圃、读诗书/条文详分项目规训
		《家规十戒》	范显模等:《范氏族谱》不分卷,清同治九年高平堂木活字本,湖南宁乡	戒争讼、戒凌序、戒赌博、戒斗狠、戒靡费、戒暴殄、戒巫觋、戒越葬、戒溺女、戒聘定毁盟/条文详分项目规训
		《家规十劝》	范显模等:《范氏族谱》不分卷,清同治九年高平堂木活字本,湖南宁乡	劝力田、劝力学、劝力行、劝立品、劝积德、劝守法、劝家教、劝恤穷、劝养下、劝惜字/条文详分项目规训
196	1871	《家训》	孙广俊等:《富春孙氏家谱》卷一,清同治十年三益堂木活字本,浙江富阳	修世系、重祠宇、志坟茔、谨祭祀、孝父母、和兄弟、训子孙、正名分、敬长上、端闺范、务农桑、禁祠讼、戒饮博、择交游、尊美德、恤仆御、广阴德/条文详分项目规训

续 表

序号	年份	篇目	出处	内容/体例形式
197	1871	《家训十则》	汤琴书等:《暨阳汤氏宗谱》卷二,清同治十年留余堂木活字印本,江苏江阴	敬祖宗、孝父母、友兄弟、导妻子、严闺阃、慎婚姻、慎朋友、崇节俭、劝农桑、息词讼/条文详分项目规训
198	1871	《家训》	万履占等:《洞庭东山万氏宗谱》卷首,清同治十年蔼吉堂刻本,江苏吴县	积善、延师、尊卑、力学、勿妄费、祭祀、坟茔、丧葬、输纳钱粮、婚娶、立身端严、戒好斗、戒酗酒、戒三姑六婆、戒出会台戏、戒兴讼、禁为杂贱/条文未详分项目规训
199	1871	《家规》	钱继盛等:《郭村钱氏重修宗谱》卷一,清同治十年致严堂木活字印本,江苏武进	修谱系、建宗祠、重祭祀、立墓碑、顺父母、敬长上、和兄弟、亲师傅、训子孙、择婚姻、戒争讼、戒赌博、戒异学、戒损友、遵祖训、务敦本/条文详分项目规训
200	1872	《家规》	杨永恭:《杨氏宗谱》,清同治十一年刻本,河南淅川	笃忠顺、敦孝行、尽友恭、正婚姻、肃闺阃、教子弟、别尊卑、睦宗族、务本业、谨丧祭、谨茔墓、崇俭约、禁刁讼、戒淫博/条文详分项目规训
201	1872	《家规》	胡景堂等:《澄江香山胡氏宗谱》卷首,清同治十一年荣寿堂木活字印本,江苏江阴	修世系、重祠宇、志坟墓、谨祭祀、孝父母、敬长上、友兄弟、训子孙、睦宗族、卜邻里、端闺范、正名分、慎嫁娶、择交游、务本业、训勤俭、戒争讼、禁赌博、恤仆御、广阴德/条文详分项目规训
202	1872	《本宗世谱家训》	曹仁细等:《泾川谯国曹氏裔生公支下续修宗谱》卷一,清同治十一年继善堂木活字本,安徽泾县	励臣职、崇孝道、敦友恭、谨茔墓、修宗谱、辨尊卑、慎婚姻、整理家课、贵容忍、和邻里、息争讼、禁窃盗、禁诈伪、禁侠党、禁赌酗、守法度/条文详分项目规训

续 表

序号	年份	篇目	出处	内容/体例形式
203	1872	《家规(持家十要、持家十勿)》	刘秉璋:《皖桐杨氏宗谱》卷一,清同治十一年木活字本,安徽桐城	端身范、肃闺门、训子女、急赋税、务勤励、谨茔墓、重婚姻、早积贮、建宗祠、广祭田、勿奢华、勿争讼、勿奸盗、勿赌博、勿群饮、勿嫖荡、勿惑溺、勿苟利、勿杂职、勿逞凶/条文详分项目规训
204	1872	《家训续纂·宗规条目》	张国本等:《张氏宗谱》,清同治十一年敏慎堂写本,浙江绍兴	家约当尊、祠墓当展、族类当辨、名分当正、宗族当睦、谱牒当重、闺门当肃、蒙养当豫、姻里当厚、职业当勤、赋役当供、争讼当止、节俭当崇、守望当严、邪巫当禁、四礼当行/条文详分项目规训
		《家训续纂·四礼要论(摘齐家宝要)》	张国本等:《张氏宗谱》,清同治十一年敏慎堂写本,浙江绍兴	冠礼(人伦首重、命字代冠)、婚礼(婚礼严重、媒妁真诚、嫁娶宜慎、聘奁从俭、择媳救奢、训子守正、燕亲尚质、推恩逮下)、丧礼(居丧礼制、乘丧戒婚、殡葬尽心、律严大义、礼贵申情、勿往吊庆、失偶勿娶、丧夫守贞)、祭礼(礼记祭义、根本孝弟、子弟习仪、祭品从宜、固护坟茔、义田广孝)/条文详分项目规训
		《家训续纂·童蒙礼教(增删屠氏童子礼,配合某氏习礼歌)、附小学便吟》	张国本等:《张氏宗谱》,清同治十一年敏慎堂写本,浙江绍兴	拱立、端坐、行趋、寝息、叉手、肃揖、展拜、视听、言语、静声、敛气、衣服、饮食、洒扫、应对、进退、事亲、敬长、尊师、处友、读书、写字、习礼、歌诗/条文详分项目规训
		《家训续纂·闺门必读(删改张潜斋原本)、附闺秀良箴》	张国本等:《张氏宗谱》,清同治十一年敏慎堂写本,浙江绍兴	总训、守身、孝父母、敬翁姑、顺夫君、和妯娌、训子女、宽奴婢、慎言语、雅梳妆、勤女工、洁庖厨、事晚姑、为继室、待妾媵、重守节/条文详分项目规训

续 表

序号	年份	篇目	出处	内容/体例形式
205	1872	《宗规》	姚师父等:《昆陵姚氏宗谱》卷首,清同治十一年明恕堂木活字印本,江苏武进	谕当遵、祠墓当展、宗族当睦、谱牒当重、闺门当肃、蒙养当豫、姻里当厚、职业当勤/条文详分项目规训
		《家训五篇》	姚师父等:《昆陵姚氏宗谱》卷首,清同治十一年明恕堂木活字印本,江苏武进	律己篇(孝顺、弟训、忠训、信训、礼训、义训、廉训、耻训)、政家篇(端阃、敦伦、睦族、洽邻、婚嫁、丧纪、勤本、节用)、穀诒篇(读书、严师、勤学、好尚、交游、重冠、择妇、务农、治生)、阅世篇(崇老、尚贤、恤孤、慎交)、杌戒篇(游惰、奢华、淫邪、赌博、争讼)/条文详分项目规训
206	1872	《祖训》	钮熙蕃等:《夫椒钮氏家乘初编》卷三,清同治十一年学山堂活字本,江苏常州	立心、持身、接物、守分、立品、敬学、立教、爱亲、敬长、择交、正家、戒淫、务本/条文未详分项目规训
		《祖法》	钮熙蕃等:《夫椒钮氏家乘初编》卷三,清同治十一年学山堂活字本,江苏常州	事亲、立嗣、勿入优隶、禁奸淫、禁好讼、禁赌博、宗子/条文未详分项目规训
207	1872	《李氏宗训》	李凤亭等:《李氏族谱》卷一,清同治十一年木活字本,江苏镇江	修谱系、志坟墓、建祠宇、谨祭祀、顺父母、敬长上、和兄弟、教子孙、正妻妾、毋争讼、戒赌博、力农亩/条文详分项目规训
208	1873	《家规》	王方矩等:《沙洲王氏重修族谱》卷一,清同治十二年崇贤里活字本,江苏镇江	修录世系、碑记坟墓、修理祠宇、岁时祭祀、孝父母、敬长上、和兄弟、教子孙、正妻妾、力农亩、广生息、省冗费、毋争讼、毋赌博、亲贤俊、远匪人/条文详分项目规训

续 表

序号	年份	篇目	出处	内容/体例形式
209	1873	《家规》	陈锡恩等:《锡山陈氏家乘》卷一,清同治十二年如在堂木活字本,江苏无锡	护坟茔、谨祭祀、孝父母、和兄弟、睦宗族、训子孙/条文详分项目规训
210	1873	《易氏家训》	易道藩等:《新会玉桥易氏族谱》卷一,清同治十二年刻本,广东新会	孝顺父母、尊敬长上、和睦乡里、教训子孙、各安生理、毋作非为、读书起家之本、勤俭治家之本、循理保家之本、和顺齐家之本/条文详分项目规训
211	1873	《宗规》	黄蕴山等:《谢河黄氏宗谱》卷一,清同治十二年敦本堂木活字本,安徽桐城	乡约当尊、祠墓当展、族类当辨、名分当正、宗族当睦、谱牒当重、闺门当肃、蒙养当豫、姻里当厚、职业当勤、赋役当供、争讼当止、节俭当崇、守望当严、邪巫当禁、四礼当行/条文详分项目规训
212	1873	《训约十四条、增辑训约四条》	顾光熙等:《无锡顾氏宗谱》卷三,清同治十二年嘉德堂活字本,江苏无锡	伦理、勤俭、婚娶、丧祭、继嗣、法戒、争斗、教子、守身、饮博、利欲、杀牲祈祷、秉正、义田、坟茔、闺范、钱粮、忍辱/条文未详分项目规训
213	1873	《宗约》	孙方与:《毗陵孙氏家乘》卷一,清同治十二年木活字本,江苏武进	睦族、推贤、守节、族长、家谱、尊卑、继立、妯娌兄弟、夫妇、嫁娶、习业、禁争讼、义田、仕宦、谱牒、姊妹/条文未详分项目规训

续 表

序号	年份	篇目	出处	内容/体例形式
213	1873	《宗禁》	孙方与:《毗陵孙氏家乘》卷一,清同治十二年木活字本,江苏武进	禁忤逆不孝、禁纵容妻孥、禁养生送死兄弟推诿、禁嫡母继母不尽诚孝、禁为后嗣子不孝父母、禁为孙承重不养不祭、禁欺凌、禁不葬、禁盗葬、禁犯家长、禁争财产、禁欺凌、禁溺爱、禁迷惑后妻、禁纵子、禁年长无子不娶婢妾、禁不立继嗣、禁妾婢为妻、禁幼稚连姻、禁犯尊长、禁钩连外人、禁良贱连婚、禁冒认祖宗、禁主衰仆盛、禁赘婿为嗣、禁身为衙役、禁流入教门、禁嗜好驳杂、禁宠爱娈童、禁轻医、禁三姑六婆、禁出外烧香、禁多蓄侍婢、禁出入衙门、禁故纵奴仆、禁把持官府、禁贪位附权、禁霸种义田占居祠屋、禁不遵家法、禁内乱/条文未详分项目规训
214	1874	《宏宗十要》	吴联庆:《吴氏家乘》卷一,清同治十三年雍睦堂木活字本,江苏金坛	就人才、敦尚风化、扶纲植纪、杜讼惩刁、勤差急税、矜恤孤寡、善御仆从、正己化人、谨择交游、洁清自爱/条文详分项目规训
		《谱训》	吴联庆:《吴氏家乘》卷一,清同治十三年雍睦堂木活字本,江苏金坛	尊长、幼者、居家者、出仕者、贫者、读书者/条文未详分项目规训
		《谱戒》	吴联庆:《吴氏家乘》卷一,清同治十三年雍睦堂木活字本,江苏金坛	权力者、恃才者、巧诈者、酒色人、财利人/条文未详分项目规训
		《家规》	吴联庆:《吴氏家乘》卷一,清同治十三年雍睦堂木活字本,江苏金坛	修世系、修祠宇、严祭祀、敦孝弟、睦宗族、勤耕读、择婚姻/条文详分项目规训

续 表

序号	年份	篇目	出处	内容/体例形式
215	1874	《合族房长公议条例》	涂明钦等:《龙阳涂氏族谱》不分卷,清同治十三年三妙堂写本,湖南、江西	孝亲、敬长、和邻、教训、生理、非为、睦族、继立、祖茔/条文详分项目规训
216	1874	《族规、众议新续例款》	黄铨桢等:《东粤宝安南头黄氏族谱》卷上,清同治十三年本,广东	尊卑、祀田、祠祭墓祭、继立、族事秉公、婚娶谒祠、祠宇、禁淫纵赌博、族产、奖励应试、奖励功名、宗子、族长、房长/条文未详分项目规训
217	1874	《漫塘先生家训》	刘锦球等重修:《刘氏宗谱》卷一,清同治十三年敦睦堂铅印本,福建、江苏	孝悌、内外、谦尊、勤劳、自强、俭节、量力、勿兴讼、勿迟输税赋、乡里、交友/条文未详分项目规训
218	1874	《家规》	潘学江等:《东阳潘氏宗谱》卷一,清同治十三年刻本,浙江	举宗长、禁争讼、孝弟、禁奸淫、禁为盗贼、禁非为、睦族、救患难、代申冤、和睦乡里、助节孝、择师、禁为奴、禁溺女、婚姻、严尊卑、严立继、婚丧喜庆、管理公帑/条文未详分项目规训
219	1874	《家训二十四则》	桂有三等:《桐西桂氏族谱》卷首,清同治十三年传盛堂木活字本,安徽桐城	重坟墓、祭扫、守身、孝亲、忠君、友爱、敬长慈幼、恤孤贫、厚姻里、慎嫁娶、肃闺门、教子弟、敬师长、慎交游、尚勤俭、办国课、戒健讼、禁邪巫、戢僮仆、建祠堂、定居长、修谱、慎讳、收谱/条文详分项目规训
		《述古人家范十二则》	桂有三等:《桐西桂氏族谱》卷首,清同治十三年传盛堂木活字本,安徽桐城	检身心、敦孝友、展祠墓、睦宗族、肃闺门、教子孙、勤职业、崇节俭、厚姻里、止争讼、禁邪巫、挽敝俗/条文详分项目规训

续 表

序号	年份	篇目	出处	内容/体例形式
220	1875	《家规》	杨茂春等:《蓉江黄桥杨氏宗谱》卷一,清光绪元年四知堂木活字本,江苏	孝父母、友兄弟、隆师傅、慎交游、睦宗族、肃闺门、宽婢仆、息争讼、教读书、禁游惰、端品行/条文详分项目规训
		《格言》	杨茂春等:《蓉江黄桥杨氏宗谱》卷一,清光绪元年四知堂木活字本,江苏	学问、存养、特躬、一日、敦品、处事、接物、齐家、从政/条文详分项目规训
221	1875	《家规》	邢文计:《庐阳邢氏宗谱》卷一,清光绪元年继述堂木活字本,安徽合肥	统大宗、定居长、择房长、修家庙、修护祖茔、守先畴、刑不孝、惩不敬、严内外、慎嫁娶、正名分、戒胡为、儆刁讼/条文未详分项目规训
222	1875	《家训》	邹浚川等:《毗陵邹氏宗谱》卷三,清光绪元年仁厚堂木活字本,江苏武进	笃孝友、辨尊卑、崇德术、行义举、立义塾、重激劝、杜争讼、严会课、予职业、摈下流/条文详分项目规训
223	1875	《家规(附载八戒)》	作者不详:《武林周氏家乘》不分卷,清光绪间纯德堂木活字本,浙江杭州	立祠堂、事君亲师必诚、兄弟、冠礼、婚姻、丧礼、祭礼、衣食、坟茔、谱牒、八戒(勿绝书香、勿随爱憎、勿忘四祭、勤慎守成、勿以势凌人、勿饱食嬉戏、谨耕读、急应役)/条文未详分项目规训
224	1875	《宗规》	王延诩等:《武口王氏金源山头派宗谱》卷四,清光绪元年敬时堂木活字本,安徽婺源	积善、孝弟、礼义、祖墓、茔田、冠婚丧祭、冠礼、婚姻、妇人、丧礼、祭祀、祠堂、尊卑、析产公平、勿遽闻公/条文未详分项目规训
		《家范》	王延诩等:《武口王氏金源山头派宗谱》卷四,清光绪元年敬时堂木活字本,安徽婺源	敦孝友、睦宗族、重家学、别男女、崇典礼、远佛老、勤生业、节财用、戒争讼、毋倚势/条文详分项目规训

续　表

序号	年份	篇目	出处	内容/体例形式
225	1875	《家规》	耿广和等:《真氏宗谱》卷一,清光绪元年木活字本,江苏镇江	婚冠丧祭、睦族、尊卑、读书、隐忍/条文未详分项目规训
		《家训》	耿广和等:《真氏宗谱》卷一,清光绪元年木活字本,江苏镇江	时祭祀、顺父母、和兄弟、敬长上、教子孙、务耕读、择交游、正妻妾、择婚姻、戒好讼、急输纳、积阴德/条文未详分项目规训
226	1876	《家训》	汤敦善等:《汤氏宗谱》卷一,清光绪二年汤氏敦厚堂木活字本,安徽桐城	励臣职、崇孝道、敦友恭、谨茔墓、建宗庙、明宗祀、立宗子、举户长、修宗谱、辨尊卑、重婚姻、宜室家、慎丧服、严祭祀、明继立、谨名讳、置义仓、复兴家课、作养贫士、优礼斯文/条文详分项目规训
227	1876	《家规》	史景才等:《澄江史氏世谱》卷末,清光绪二年怀溧堂刻本,江苏江阴	敦孝弟、慎祭祀、端品行、勤读书、肃官箴、重师傅、力稼穑、择交游、睦宗族、和妯娌、戒赌博、遏邪淫、绝骄奢、恤贫乏、勿酗酒、宽婢仆/条文详分项目规训
		《家训》	史景才等:《澄江史氏世谱》卷末,清光绪二年怀溧堂刻本,江苏江阴	敬祖宗、孝父母、友兄弟、导妻子、严闺阃、慎婚姻、慎朋友、崇节俭、劝农桑、息词讼/条文详分项目规训
228	1876	《家训》	殷心田等:《殷氏宗谱》卷一,清光绪二年世裕堂活字本,安徽桐城	忠君、孝父母、友兄弟、敬长上、睦宗族、亲邻里、信朋友、肃闺门、勤职业、隆祭祀/条文详分项目规训
		《家规》	殷心田等:《殷氏宗谱》卷一,清光绪二年世裕堂活字本,安徽桐城	戒骄奢、戒争讼、戒淫行、戒赌博、戒暴亲棺、戒葬祖山、戒滥姻、戒滥交、戒纵酒、戒溺女/条文详分项目规训

续 表

序号	年份	篇目	出处	内容/体例形式
229	1876	《家训》	陈祖海等:《昆陵陈氏宗谱》卷二,清光绪二年映山堂活字本,江苏武进	立心、安分、崇让、业儒、务农、节费、主家、勤俭、谦谨、父子、兄弟、闺门、宗族、节孝、读书、坟茔/条文详分项目规训
		《中丞睿谟公家训》	陈祖海等:《昆陵陈氏宗谱》卷二,清光绪二年映山堂活字本,江苏武进	立身、忠君、孝亲、宜家、友悌、睦姻、教子、择交、御下、治生、禔躬四箴、警语/条文详分项目规训
		《家规》	陈祖海等:《昆陵陈氏宗谱》卷二,清光绪二年映山堂活字本,江苏武进	孝亲、兄弟、睦族、尊卑、本业、读书、国课、嫁娶、丧葬、守节、禁出继、族长、祭祀、劝惩/条文未详分项目规训
		《义门宗规》	陈祖海等:《昆陵陈氏宗谱》卷二,清光绪二年映山堂活字本,江苏武进	崇孝悌、睦宗族、谨祭祀、重丧葬、守坟墓、整祠宇、明礼让、慎交游、习诗书、息词讼、安本业、完国课、究侵蚀、崇节俭/条文详分项目规训
		《原宗规》	陈祖海等:《昆陵陈氏宗谱》卷二,清光绪二年映山堂活字本,江苏武进	保遗像、传祖文、置义田、隆祀典、婚娶、送终、禁淫祀、宴客、蒙养、择师/条文未详分项目规训
230	1877	《艺一府君家训三箴》	张其昆等:《清河张氏支谱》卷一,清光绪三年贻榖堂刻本,浙江上虞	一曰:业术无常,礼教宜习,子孙虽愚,经史宜读,肢体非轻,嗜欲宜节,行谊攸关……/单篇式规训
		《敦一府君家训》	张其昆等:《清河张氏支谱》卷一,清光绪三年贻榖堂刻本,浙江上虞	完钱粮、祭祖、孝悌、睦族、乡党、务本业、节俭、读书、勿作讼师、勿事争斗、勿入庙看戏、勿娼赌盗、勿起淫心、排难解纷、交易公平、坟荫、勿征逐为欢、慎言语、勿听谗言、送终必诚/条文未详分项目规训

续 表

序号	年份	篇目	出处	内容/体例形式
231	1877	《宗规》	谢师德等:《毗陵谢氏宗谱》卷一,清光绪三年宝树堂木活字本,江苏武进	尊祖、孝亲、忠君、尊师、敬长、慈幼、睦族、葬亲、立嗣、勤读、重农、尚礼、崇俭、教阃、择婚、戒淫、戒赌、节饮、备荒、恤贫、完税、息讼、明律、慎交/条文详分项目规训
		《家范》	谢师德等:《毗陵谢氏宗谱》卷一,清光绪三年宝树堂木活字本,江苏武进	读书、勤俭、禁吃酒赌钱、禁游庙烧香、禁结党、禁异端/条文未详分项目规训
232	1877	《家法》	高美佩等:《梁安高氏宗谱》卷一,清光绪三年木活字本,安徽绩溪	家法准、权责罚跪、逐出革胙、伦常大变送官/条文未详分项目规训
	1877	《祖训》	高美佩等:《梁安高氏宗谱》卷十一,清光绪三年木活字本,安徽绩溪	孝父母、敬祖宗、正婚姻、睦宗族、守正业、兴文教、严闺阃、畏王法、积公德、禁溺女/条文详分项目规训
233	1877	《族约》	刘殿英等:《唐王刘氏宗谱》卷末,清光绪三年木活字本,江苏金坛	孝父母、敬长上、友兄弟、肃闺门、教子孙、亲师友、睦宗族、择婚姻、勤生理、重名节、务节俭、急赋税、戒词讼/条文详分项目规训
234	1878	《家规(光绪四年)》	任鹳峰等:《怀宁任氏宗谱》卷一,清光绪十一年庆源堂木活字本,安徽怀宁	法律必尊、国课早完、孝弟必敦、异端必戒、乡党必和、农桑必务、贫苦必恤、祖茔必培、宗祠必洁、祭祀必诚、祖产必重、妇女必敬从夫教/条文详分项目规训

续 表

序号	年份	篇目	出处	内容/体例形式
235	1878	《世训》	于肇麟等:《萧山于氏宗谱》卷二,清光绪四年佑启堂木活字本,浙江萧山	正伦次、均恩义、笃父子、别夫妇、和妯娌、正士风、谨官箴、严壶范、理男教、厚宗族、睦邻里、重道义、正心术、扶公论、忘私怨、勤生理、禁非为、处饶裕、处穷约、谨保守、安本分、崇俭约、守廉节/条文详分项目规训
236	1878	《家训》	朱邦英等:《武进颜塘桥朱氏宗谱》卷一,清光绪四年遗直堂木活字本,江苏武进	修世系、志坟墓、时祭祀、振祠宇、孝父母、敬长上、和兄弟、教子孙、正妻妾、择婚姻、勤学业、尚勤俭、力农亩、毋争讼、戒赌博/条文详分项目规训
237	1878	《遗训数则》	时邦伟等:《昆陵锡山时氏宗谱》卷一,清光绪四年敦朴堂、端复堂木活字本,江苏武进	积善、忠孝、勤俭、耕读、戒淫、禁争讼、兄弟、尊卑/条文详分项目规训
238	1878	《宗规六条》	华汝忠等:《萧山渔临华氏宗谱》册一,清光绪四年本仁堂木活字本,浙江萧山	崇祀、孝悌、睦邻、耕读、赈济、择配/条文未详分项目规训
239	1878	《家规八法》	何彤翰等:《庐江何氏家乘》册二,清光绪四年庐江堂木活字本,江西、湖南	敦孝弟、隆师友、务本业、惜财用、教子弟、肃闺阃、正名分、谨权量/条文详分项目规训
		《宗规八戒》	何彤翰等:《庐江何氏家乘》册二,清光绪四年庐江堂木活字本,江西、湖南	重谱牒、辨族类、睦宗族、厚姻里、禁非为、除横暴、息争讼、严赌博/条文详分项目规训
240	1878	《家训》	柴金源等:《邢州迁武进孟河柴氏宗谱》卷一,清光绪四年清慎堂木活字本,江苏武进	事父母、事长上、事师、读书、交朋友、行坐服食、接宾客、望朋友、处贫、守身大略/条文详分项目规训

续 表

序号	年份	篇目	出处	内容/体例形式
240	1878	《家规》	柴金源等:《邢州迁武进孟河柴氏宗谱》卷一,清光绪四年清慎堂木活字本,江苏武进	明宗典、立祠正、励臣职、供子道、笃友于、宜家室、重婚姻、重丧祭、睦宗族、旌节烈、恤亲邻、务勤俭、定生理、习文艺、别男女、济茕独、戒嫖赌、禁争讼/条文详分项目规训
241	1879	《家规》	王均国等修:《王氏三沙全谱》,清光绪五年三槐堂铅印本,江苏无锡	旧训:敦孝悌、慎祭祀、端品行、勤读书、肃官箴、重师傅、力稼穑、择交游、睦宗族、和妯娌、戒赌博、遏邪淫、毋骄奢、恤贫乏、勿酗酒、宽奴婢 新训:劝公事宜亟、劝子弟宜教、劝族谊宜敦、劝讼事宜慎、劝祭祀宜诚、戒贫困极甚、戒贵者恃势欺人、戒耕者懒惰性成、戒子孙不能保守坟墓、戒嫁娶不得专论财物/条文详分项目规训
242	1879	《宗约》	沈元夔等:《会稽中望坊沈氏家谱》卷首,清光绪五年敦睦堂木活字本,浙江绍兴	孝父母、禁非为、睦宗族、慎婚嫁、禁妇入庙烧香、喜庆丧葬、宗祠/条文未详分项目规训
243	1879	《祖训》	施学善等:《孟墅施氏宗谱》卷一,清光绪五年恒德堂木活字本,江苏武进	敦孝悌、睦宗族、立家庙、崇祭祀、劝农桑、劝诵读、尚节俭、息争讼/条文详分项目规训
244	1879	《宗约》	张湞等:《京江张氏宗谱》卷六,清光绪五年说敦堂木活字本,江苏镇江	建造宗祠、续修谱系、置田奉祀、扫墓立碑/条文详分项目规训
		《家训》	张湞等:《京江张氏宗谱》卷六,清光绪五年说敦堂木活字本,江苏镇江	敦孝弟、笃宗族、教子孙、择术业、慎交游、务勤俭、息争讼、积阴骘/条文详分项目规训

续 表

序号	年份	篇目	出处	内容/体例形式
245	1880	《家规》	胡梅坪等:《皖桐胡氏宗谱》,清光绪六年詹余庆堂刻本,安徽桐城	孝父母、友兄弟、敬长上、睦族党、饬闺阃、勤世业、种阴德、敦礼义、戒谗检、戒骄横、戒奢吝、戒游荡、重祠堂、禁祖茔、置祭田、崇祭祀、择户长、慎赏罚/条文详分项目规训
246	1880	《家规》	贝廷琛等:《义乌一都贝氏宗谱》卷一,清光绪六年木活字本,浙江义乌	父母、尊长、兄弟、闺门、勤俭、重耕耘、劝贤才、恤孤寡、戒非为、禁争斗、禁争讼、戒嫖赌、谨纳妾、禁卖祖业/条文未详分项目规训
247	1880	《家规》	陈义良等:《毗陵双桂里陈氏宗谱》卷一,清光绪六年忠节堂木活字本,江苏武进	护坟茔、谨祭祀、孝父母、和兄弟、睦宗族、训子孙/条文详分项目规训
248	1880	《家训》	丁茂荣等:《润州徐氏宗谱》卷一,清光绪六年木活字本,江苏镇江	孝父母、和兄弟、敬长上、教子孙、择婚姻、正妻妾、睦宗族、力农亩、勤输纳、戒赌博、省冗费、慎交游、恤孤寡、毋争讼、救患难、恤奴仆/条文详分项目规训
249	1880	《家训》	徐仁烺等:《润州徐氏宗谱》卷一,清光绪六年木活字本,江苏镇江	孝父母、和兄弟、敬长上、教子孙、择婚姻、正妻妾、睦宗族、力农亩、勤输纳、戒赌博、省冗费、慎交游、恤孤寡、毋争讼、救患难、恤奴仆/条文详分项目规训
		《仪训》	徐仁烺等:《润州徐氏宗谱》卷一,清光绪六年木活字本,江苏镇江	孝顺父母、忠敬君王、尊重长上、教训子弟、仪法家庭、和睦乡里、宽御奴婢、崇尚节俭/条文详分项目规训

续 表

序号	年份	篇目	出处	内容/体例形式
250	1881	《家箴》	邵之俊:《陈氏家乘》卷一,清光绪七年延庆堂活字本,江苏武进	善行相劝(敦孝弟、宜室家、睦宗族、勤读书、力耕稼、务勤俭)、过失相规(戒沉酗、禁赌博、忍争斗、绝淫眠、遏刁健、惩游惰)、患难相恤(御盗贼、扶疾病、助死丧、恤孤弱、伸诬枉、赈贫乏)、体统相继(避名讳、重祭祀、习礼仪、肃观瞻、重庆吊、正婚姻)/条文详分项目规训
251	1881	《宗训》	钱潮海等:《钱氏宗谱》卷一,清光绪七年北湖草堂木活字本,江苏武进	敦孝弟、尚勤俭、厚宗盟、端阃职、择交与、乐为善、御宗侮、时祭祀、戒饮博、禁邱木/条文详分项目规训
252	1881	《祖训家规条例》	蓝星修等:《蓝氏续修族谱》,清光绪七年汝南堂木活字本,福建	正己、孝弟、礼义、尊卑、妇人、童仆、教养子弟、冠礼、婚姻、丧礼、祭祀、祠宇、田园、坟墓、宾客友朋、外侮/条文未详分项目规训
253	1881	《静安公家训》	祝志琦等:《海昌祝氏宗谱》卷九,清光绪七年西茔清淑堂木活字本,浙江海宁	冠礼、嫁娶、丧礼、祭礼、严继立、禁词讼、禁僧尼入内、谨妇职、典卖田地、慎职业、急征输、戒饮酒/条文未详分项目规训
		《梦骢公家训》	祝志琦等:《海昌祝氏宗谱》卷九,清光绪七年西茔清淑堂木活字本,浙江海宁	祖祠、地方花利勿损于民、勿听妇言、量力施济、饮食衣服、择良师友、教育子孙、牧养童仆、择婚姻、接交朋友、与人作中、牧养马牛、急征输、犯大逆格杀/条文未详分项目规训
		《芹阳公家训》	祝志琦等:《海昌祝氏宗谱》卷九,清光绪七年西茔清淑堂木活字本,浙江海宁	立身、读书、涉世、省过、忍得住、澹泊/条文未详分项目规训

续 表

序号	年份	篇目	出处	内容/体例形式
253	1881	《南阜公家训》	祝志琦等:《海昌祝氏宗谱》卷九,清光绪七年西茔清淑堂木活字本,浙江海宁	正内外、统摄家政、勤俭、读书、钱粮、不畜闲仆/条文未详分项目规训
254	1882	《家训》	沈信储等:《沈氏宗谱》卷一,清光绪八年务本堂木活字本,江苏武进	敦孝弟、敬尊长、笃宗族、重师儒、慎交友、饬男女、戒争讼、慎婚嫁、尚节俭、和乡党、勤耕织、务读书、急官粮、禁赌博、戒酗酒、惩争斗/条文详分项目规训
255	1882	《祠规家训》	陈茂皋等:《篁村陈氏宗谱》卷一,清光绪八年星聚堂木活字本,江苏江阴	修录世系、碑记坟墓、修理祠宇、岁时祭祀、孝父母、敬长上、和兄弟、教子孙、正妻妾、明嫡庶、睦宗族、恤孤寡、务农桑、积阴德、戒赌博、端阃范、慎婚姻、正蒙养、尊师傅、择交友、崇俭朴、重廉耻/条文未详分项目规训
256	1882	《家训》	崔元鸣等:《润州崔氏宗谱》卷一,清光绪八年慎德堂木活字本,江苏镇江	子侄、父道、教耕、教读、交友、结婚姻、处宗族、处邻里、躬持、自立、交易/条文详分项目规训
257	1882	《家规》	陈得宝等:《毗陵西滩陈氏重修宗谱》卷一,清光绪八年德星堂木活字本,江苏武进	嫁娶、坟茔、丧葬、睦族、祭祀、禁赌博、修宗谱/条文未详分项目规训
258	1882	《家训》	项金洪等:《云阳导墅桥项氏宗谱》卷一,清光绪八年志远堂木活字本,江苏丹阳	尊祖、孝亲、敬长、教子、劝学、务本、制行、处世、廉耻、勤俭、尚友爱、劝睦族、端士行、谨官箴、慎婚姻、肃闺阃、重节义、平交易、完国税、护坟墓、矜孤、恤寡、爱老、怜贫/条文详分项目规训

续 表

序号	年份	篇目	出处	内容/体例形式
259	1882	《家训》	冯文金等:《山阴柯桥冯氏宗谱》卷八,清光绪八年继孝堂木活字本,浙江绍兴	恒儒公、瑞芝公、仁侯公、玉书公、际飞公、汉翔公、廷植公、再可公等/单篇式规训
260	1882	《家规》	黄普怡等:《黄氏族谱》,清光绪八年刻本,福建、广东	孝父母、宜兄弟、敬长上、肃内政、正嫁娶、保宗族、睦乡邻、尚勤俭、急国课、笃教训、戒兴讼、敬谱牒/条文详分项目规训
261	1882	《条规》	黄玉琦等:《桃溪黄氏宗谱》卷一,清光绪八年黄氏崇仁堂木活字本,江西南昌	教训子孙、继立、丧葬、积阴德、立宗子、立族房长、正伦理、婚冠丧祭礼、祀祖、嫁娶、读书、恤族、夺豪逞讼、家长、和邻睦族、族谱、钱粮、祭祀、励学/条文未详分项目规训
262	1883	《家规禁约十二则》	吉廷椿等:《丹阳吉氏宗谱》卷一,清光绪九年有诒堂木活字本,江苏	守坟茔、谨祠宇、遵祖训、顺父母、敬长上、和兄弟、教子孙、睦宗族、择婚姻、急输纳、禁争讼、戒赌博/条文未详分项目规训
263	1883	《家规》	赵立方等:《桐障赵氏宗谱》卷首,清光绪九年赵氏明宗堂木活字本,安徽桐城	立宗子、举尊长、建祠宇、重祖茔、勤祭扫、兴义学、理公赀/条文详分项目规训
264	1883	《家训》	曹梁材:《曹氏宗谱》卷一,清光绪九年木活字本,安徽繁昌	正夫纲、处昆弟、端启蒙、勤耕种、精技艺、业商贾、重婚姻、慎丧礼、先亲支、息争讼、谨祭祀、严宗祠、别男女、旌孝顺、旌节义/条文详分项目规训
		《家戒》	曹梁材:《曹氏宗谱》卷一,清光绪九年木活字本,安徽繁昌	戒忤逆、戒奸淫、戒盗窃、戒诈伪、戒胁党、戒赌博、戒嫖荡、戒暗谤、戒妒妇、重坟墓/条文未详分项目规训

续 表

序号	年份	篇目	出处	内容/体例形式
265	1883	《家训十六则》	路焕章:《路氏宗谱》卷一,清光绪九年尚德堂木活字本,江苏武进	修祠宇、祀坟墓、时祭乡、遵祖训、顺父母、敬尊长、睦宗族、和兄弟、训子孙、正妻妾、明嫡庶、择婚姻、省冗费、戒争讼、戒赌博、积阴德/条文详分项目规训
		《重增本族家训》	路焕章:《路氏宗谱》卷一,清光绪九年尚德堂木活字本,江苏武进	孝敬父母、敬祖宗、戒伐阴木、睦兄弟、和夫妻、肃闺门、早起、勤耕作、衣食、教子孙、惜纸、尽力干事、择交、戒淫、积德……/条文未详分项目规训
		《重增家诫》	路焕章:《路氏宗谱》卷一,清光绪九年尚德堂木活字本,江苏武进	孝悌忠信义廉耻/条文未详分项目规训
266	1883	《家范录》	赵晋封等:《暨阳章卿赵氏宗谱》卷十九,清光绪九年木活字本,江苏江阴	祖训(家长、宗子、睦族、婚嫁、毋听妇言、葬。禁杂贱、坟茔、毋兴讼、禁赌博、戒钻茔)、家教、家法、祠堂、祭祀、祭田、睦族、收族、修录谱系/条文详分项目规训
267	1884	《家训:家礼、家教、家法》	徐虞臣等:《山阴安昌徐氏宗谱》卷二,清光绪十年持敬堂木活字本,浙江绍兴	祭礼、丧礼、敦礼让、寡妇改醮、禁妇入庙烧香、尊长、宗子、务本业、勿容隐、禁赌博、救诬陷、禁非为、严继立、禁夫男庇护妇人、禁酗酒/条文未详分项目规训
268	1884	《祠规、禀词》	作者不详:《宁乡熊氏续修族谱》卷八,清光绪十年本,湖南宁乡	入祀、祭祀、祠堂、本业、奖励应试、族长房长、家法、国课、禁忤逆劫杀、禁结盟拜会、禁斗殴赌博、祖坟、祭田、尊卑、闺训、兴讼、禁酗酒游荡、禁吃烟茹素、勿容隐、勿为僧释、禁妇女烧香看戏/条文未详分项目规训

续 表

序号	年份	篇目	出处	内容/体例形式
269	1884	《家训》	徐润立等:《香山徐氏宗谱》卷一,清光绪十年北岭肇修堂、前山叙伦堂、上海同文书局石印本,广东中山	教孝、教悌、教敬、教忠、教信、教慎、教忍、教恕、教慈、教让、教廉、教和、教俭、教勤/条文详分项目规训
		《宗规》	徐润立等:《香山徐氏宗谱》卷一,清光绪十年北岭肇修堂、前山叙伦堂、上海同文书局石印本,广东中山	遵乡约、正名分、崇祭祝、展茔墓、重谱牒、勤职业、供赋役、严守望、戒争讼、惩赌博、禁师巫、防嗜好/条文详分项目规训
		《宗约》	徐润立等:《香山徐氏宗谱》卷一,清光绪十年北岭肇修堂、前山叙伦堂、上海同文书局石印本,广东中山	优礼族望、旌表节孝、周恤宗族、孝弟、丧葬、夫妇、置妾、立继、蓄婢、嫁娶、阃范、禁妖言惑众、禁冒通族谱、谨藏宗谱/条文详分项目规训
270	1884	《家范》	朱承祐等:《海宁朱氏宗谱》卷十四,清光绪十年刻本,浙江海宁	文公家训、岷左公配吴孺人遗训、容斋公配陈孺人家训、亦园公配陈孺人遗训、大宗祠墓祭规、大宗祠秋祭规、罗汉湾祭规、贡尚书祠墓祭规、宋庵坟议祭序、扩置公田序、经理公田记、大宗祠助产记、公田记/先祖与先贤训言结集
271	1884	《祖训条约》	胡学先等:《荆川明经胡氏续修宗谱》卷一,清光绪十年五义堂木活字本印本,安徽绩溪	敬祖、孝亲、刑妻、教子、弟长、奉公、怜孤、恤寡、睦族、和邻、慎交、择配、禁讼/条文详分项目规训
272	1885	《家训》	陈锡瑛等:《中湘陈氏族谱》,清光绪十一年颍川堂刻本,湖南湘潭	忠君上、孝父母、宜兄弟、正夫妇、严嗣续、睦族党、慎交游、隆学业、勤耕织、崇节俭、重冠昏、谨丧祭、尚忍让、止争讼、存阴骘、戒溺堕落/条文详分项目规训

续 表

序号	年份	篇目	出处	内容/体例形式
273	1885	《家规》	赵琎等:《焦溪河口赵氏族谱》卷一,清光绪十一年敦睦堂木活字本,江苏武进	孝父母、敬长上、和兄弟、正妻妾、训子孙、亲师友、睦宗族、恤孤寡、谨时祭、修祠堂、建墓碑、修谱系、力农亩、毋赌博、毋争讼、毋欠赋/条文详分项目规训
274	1885	《又昌公遗训家规、增订家规》	沙仲沅等:《毗陵沙氏宗谱》卷二,清光绪十一年百寿堂木活字本,江苏武进	敦孝弟、敬尊长、务读书、和乡党、饬妇女、勤本业、崇节俭、禁赌博、急官粮、戒争讼、立字派、修谱系、重茔墓、立祭田/条文详分项目规训
		《逸冈公遗训要言》	沙仲沅等:《毗陵沙氏宗谱》卷二,清光绪十一年百寿堂木活字本,江苏武进	读书、立品、居心、立身、积德、敬高年、孝弟、教子孙、学吃亏、和乡党、不争财帛、行善、隐恶扬善、闲居、坟茔、命名、慎言、禁酗酒/条文未详分项目规训
275	1885	《祠规》	汤文杰等:《东戴汤氏宗谱》卷三,清光绪十一年活字本,江苏武进	孝顺父母、尊敬长上、和睦兄弟、严内外以杜淫乱、严禁赌博、严禁健讼、子弟及时延师教训、严禁欺凌以敦族谊、严禁构拴外姓陷害同族、严禁不肖子弟为人奴仆、严禁异姓篡宗、严禁坐产招赘/条文详分项目规训
		《家范》	汤文杰等:《东戴汤氏宗谱》卷三,清光绪十一年活字本,江苏武进	孝父母、睦兄弟、和夫妇、择朋友、教子孙、睦宗族、恤邻里、审户田、保坟墓/条文详分项目规训
276	1885	《静斋公家训》	李怡廷等:《夫椒李氏家乘》卷一,清光绪十一年敦睦堂木活字本,江苏无锡	立身、忠君、孝亲、宜家、友爱、睦姻、教子、择交、御下、治生/条文详分项目规训

续 表

序号	年份	篇目	出处	内容/体例形式
276	1885	《木庵公家言》	李怡廷等:《夫椒李氏家乘》卷一,清光绪十一年敦睦堂木活字本,江苏无锡	入孝、出悌、睦族、勤俭、治家、义方、友交、读书、惜字、戒讼、禁博、遏淫、改过、积善/条文详分项目规训
		《迁常始祖木庵公宗规》	李怡廷等:《夫椒李氏家乘》卷一,清光绪十一年敦睦堂木活字本,江苏无锡	教约宜遵、祀典宜崇、茔墓宜展、谱牒宜修、礼让宜敦、族谊宜全、继嗣宜明、争产宜戒、职业宜勤、赋役宜供、守望宜严、邪巫宜禁/条文详分项目规训
277	1885	《给谏公家则》	许克勤等:《灵泉许氏宗谱》卷七,清光绪十一年刻本,浙江海宁	宗祠、慎习、礼俭、德量、保家、亲睦、治生、内则、劝戒、仕宦、恤下/条文未详分项目规训
		《学则》	许克勤等:《灵泉许氏宗谱》卷七,清光绪十一年刻本,浙江海宁	朔望之仪、常日之仪、学礼、学坐、学行、学立、学言、饮食、诵读、读书先务/条文详分项目规训
		《淮守公两垞贻谋》	许克勤等:《灵泉许氏宗谱》卷七,清光绪十一年刻本,浙江海宁	治丧、交易、赋役、世累、士习、建坊、冷语、救时未议、随笔两条(醒嫖、口业)/条文详分项目规训
278	1885	《宗规五条》	谈璇朗等:《河墩谈氏宗谱》卷首,清光绪十一年孝思堂木活字本,江苏宜兴	祠墓当展、族类当辨、名分当正、宗族当睦、谱牒当重/条文详分项目规训
		《家训》	谈璇朗等:《河墩谈氏宗谱》卷首,清光绪十一年孝思堂木活字本,江苏宜兴	闺门当肃、职业当勤、赋役当供、争讼当息、守望当严、邪巫当禁、交游当慎/条文详分项目规训
		《深桂堂节录家训》	谈璇朗等:《河墩谈氏宗谱》卷首,清光绪十一年孝思堂木活字本,江苏宜兴	敬父兄、慈子弟、和乡里、时祭祀、力树艺、毋相欺、毋胥讼、毋犯国法、毋虐细民、毋博弈、毋斗狠、毋学歌舞,毋相攘窃,毋鬻子,无大故不出妻/条文详分项目规训

续 表

序号	年份	篇目	出处	内容/体例形式
279	1886	《宗规》	唐钟琦等：《昆陵唐氏家谱》不分卷，清光绪十二年木活字本，江苏武进	祀典、祭祀、祠宇、坟茔、伦范、优礼（入学、年高、守节、孤儿）、训课、财用/条文未详分项目规训
280	1886	《家规（光绪十二年）》	童成章：《慈东方家堰方氏宗谱》卷首，民国三十年忠恕堂木活字本，浙江镇海	禁住异姓、继立、禁妇人出典、禁溺女、丧葬、禁开赌场、禁渎伦擒诈、禁演戏、修家谱、存藏家谱、祖坟/条文未详分项目规训
281	1886	《家训》	胡广慈：《山阴张川胡氏宗谱》卷二十一，清光绪十二年敦睦堂木活字本，浙江绍兴	履安公、卧云公、南峰公、止轩公、因斋公、湛庵公、乐闲公、越愚公、海山公等/先祖与先贤训言结集
281	1886	《宗约》	胡广慈：《山阴张川胡氏宗谱》卷二十一，清光绪十二年敦睦堂木活字本，浙江绍兴	宗长、宗纠、宗翼、总理、礼义廉耻、婚礼、丧礼、生辰、家塾、完国课、睦族/条文未详分项目规训
282	1886	《家规》	彭其余等：《武昌葛仙镇彭氏宗谱》卷首，清光绪十二年述古堂木活字，湖北武昌	敦孝友、严教训、慎婚嫁、务勤俭、绝奸赌、厚宗族、端闺壸、择交游/条文详分项目规训
282	1886	《重申家规八则》	彭其余等：《武昌葛仙镇彭氏宗谱》卷首，清光绪十二年述古堂木活字，湖北武昌	纳税、家庙、享祀、坟墓、戒争讼、户长、祭产、励学/条文未详分项目规训
283	1886	《家训·引古》	赵洪良等：《西盖赵氏族谱》卷一，清光绪十二年永思堂活字本，江苏武进	方正学、司马温公、吕正献公、袁氏世范、彭仲刚、应俊、甘泉、陈忠肃、乡礼、郑氏家规、石氏家规、乐羊子、汉食货志/先祖与先贤训言结集
283	1886	《家训·吴寓庵训儿庸言》	赵洪良等：《西盖赵氏族谱》卷一，清光绪十二年永思堂活字本，江苏武进	六思、五必、四自、三勿/单篇式规训

续 表

序号	年份	篇目	出处	内容/体例形式
283	1886	《家训·清隐公遗训》	赵洪良等:《西盖赵氏族谱》卷一,清光绪十二年永思堂活字本,江苏武进	孝顺父母、友爱兄弟、和顺夫妇、择交朋友、教训子孙、敦睦宗族、顾恤邻里、精审户田、保守坟墓、各务生业/条文详分项目规训
		《家训·云卿公遗训》	赵洪良等:《西盖赵氏族谱》卷一,清光绪十二年永思堂活字本,江苏武进	顺父母、敬长上、和兄弟、正妻妾、训子孙、亲师友、睦宗族、恤孤寡、谨时祭、修祠室、建墓碑、修谱系、毋奸渎、力农亩、省冗费、毋学赌博、毋好争讼、毋结冤仇、毋欠官租、毋避差役/条文详分项目规训
		《家规》	赵洪良等:《西盖赵氏族谱》卷一,清光绪十二年永思堂活字本,江苏武进	丧礼、葬礼、焚黄仪注、岁时伏腊告参荐祭略节、祭位图/条文详分项目规训
284	1887	《家训约言》	李烈卿:《旌阳李氏宗谱》卷首,清光绪十三年椿峰敦复堂刻本,安徽旌德	敦孝悌、睦宗族、读诗书、明礼让、端蒙养、重师傅、择交游、亲故旧、和乡党、虔葬祭、时嫁婚、恤孤寡、驭奴婢、戒酒色、肃闺阃、励名节、化骄谄、屏僧尼、务农桑、勤纺绩、择艺术、儆游惰、远赌博、崇节俭、急官粮、解仇怨、息忿斗、怀刑法/条文详分项目规训
285	1887	《最要家训》	黄翰修:《黄氏族谱》,清光绪十三年石印本,广东	敦孝悌、睦宗族、和乡邻、明礼让、务本业、端士品、隆师道、修坟墓、戒犯讳、戒争讼、戒非为、戒犯上、戒异端、畏法律、戒轻谱/条文详分项目规训
286	1887	《家范》	张绍棠等:《合肥张氏重修宗谱》卷一,清光绪十三年绍忍堂木活字本,安徽合肥	劝孝、劝悌、教子弟、慎宗祧、谨祭祀、择地、正名分、修德、择术、恤贫、俭约、严举行家规/条文详分项目规训

续　表

序号	年份	篇目	出处	内容/体例形式
286	1887	《家戒》	张绍棠等:《合肥张氏重修宗谱》卷一,清光绪十三年绍忍堂木活字本,安徽合肥	淫行、赌博、兴讼、钱粮淫行、赌博、兴讼、钱粮/条文详分项目规训
287	1887	《宗规》	张衡芳等:《毗陵丁堰张氏宗谱》卷一,清光绪十三年二铭堂木活字本,江苏武进	重孝行、尚友恭、敦族谊、崇风化、戒家讼、禁赌博、慎婚嫁、公嗣继、辟异端/条文详分项目规训
		《家训》	张衡芳等:《毗陵丁堰张氏宗谱》卷一,清光绪十三年二铭堂木活字本,江苏武进	读书、禁贪欲、立嗣、守节、禁杂贱、祭祀、本业、勤俭/条文未详分项目规训
288	1888	《家训》	陈瑞国等:《毗陵陈氏宗谱》卷一,清光绪十四年德星堂活字本,江苏武进	真西山、省身录、袁氏世范、法楹、草木子、彭仲刚、庄语、小学、应俊、省心录、约言/先祖与先贤训言结集
289	1888	《祖训》	岑毓英:《西林岑氏族谱》卷三,清光绪十四年南阳堂滇黔节署刻本,广西	修身篇(希圣希贤、立志、孝悌、读书、本职)、治家篇(祠祭墓祭、祭祖、睦族、治丧、立主立影神、停丧、继嗣、闺门、钱粮、节俭)、处世篇(亲邻、亲贤远佞、庆吊、言语、遇横逆、争讼)、从政篇/条文详分项目规训
290	1888	《家训》	许在衡等:《山阴碧山许氏宗谱》卷首,清光绪十四年希范堂活字本,浙江绍兴	安分、本业、容隐、尊卑、出仕、教子、改嫁、赌博、酗酒、禁子舍寺观、忍、谦、忌日、丧葬、朋友、戒贪、交易、兄弟、夫妇、孝亲、读书、风水/条文未详分项目规训
291	1888	《族规》	李缃等:《迁昆李氏家谱》卷一,清光绪十四年刻本,江苏昆山	祭田、祖茔、祠堂、命名、争讼、父母、兄弟、禁窃盗赌博酗酒、择嗣、祭祀、谱牒/条文未详分项目规训

续 表

序号	年份	篇目	出处	内容/体例形式
291	1888	《家训》	李缃等:《迁昆李氏家谱》卷一,清光绪十四年刻本,江苏昆山	师友、读书、勤俭、尽人事、继嗣、续弦、避嫌远祸、居官、惜福、禁赌、闺阃/条文未详分项目规训
292	1889	《家训》	许文源等:《绩溪县南关许氏惇叙堂宗谱》卷八,清光绪十五年惇叙堂木活字本,安徽绩溪	明伦理、孝父母、敬祖宗、重师儒、正闺门、睦宗族、务正业、早完粮、息争讼、杜邪风、禁溺女/条文详分项目规训
		《家政》	许文源等:《绩溪县南关许氏惇叙堂宗谱》卷八,清光绪十五年惇叙堂木活字本,安徽绩溪	理财、祭祀、营造、养老、赈贫、助学、救荒/条文详分项目规训
293	1889	《家训述言》	周庆荣等:《渔庄周氏宗谱》卷一,清光绪十五年永思堂木活字本,江苏、河南	方正学、真西山、省身录、彭石屋、袁氏世范、法楹、草木子、彭仲刚、庄语、郑氏家规、司马温公、省心录、应俊、约言/先祖与先贤训言结集
294	1889	《家训》	张以岱等:《维扬江都张氏宗谱》卷一,清光绪十五年木活字本,江苏江都	修录世系、碑铭坟墓、修理祠宇、岁时祭祀、顺父母、敬长上、和兄弟、教子孙、睦宗族、正妻妾、择交友、恤孤寡、勤力田、时输纳、毋争讼、戒赌博、戒美色/条文详分项目规训
295	1889	《家规》	陆羽丰等:《陆庄陆氏世谱》卷首,清光绪十五年怀忠堂木活字本,江苏武进	明宗典、立宗长、尽孝悌、笃友恭、夫妇、择师友、训子孙、睦宗族、定生理、务勤俭、戒淫邪、禁赌博、警不端、严嫁娶、延嗣续、端阃范、息争讼、辨风水、定祠制、严祭享、护祠茔、撰碑记/条文详分项目规训

续 表

序号	年份	篇目	出处	内容/体例形式
296	1889	《宗训》	汪溥渊等：《宜兴汪氏宗谱》卷一，清光绪十五年敦睦堂木活字本，江苏宜兴	立身、奉先、居心、读书、处世、持家、家教、家风、驭下/条文未详分项目规训
297	1889	《家规（光绪十五年）》	陶汝先等：《西阳陶氏宗谱》卷一，清光绪二十六年燕翼堂刻本，江苏南京	急公赋、明宗法、治恒业、孝父母、和兄弟、教子孙、哀茕独、培茔墓、禁赌嫖、戒沉酗/条文详分项目规训
		《家训（光绪十五年）》	陶汝先等：《西阳陶氏宗谱》卷一，清光绪二十六年燕翼堂刻本，江苏南京	勤耕读、崇节俭、明礼让、分内外、别尊卑、正称呼、息争讼、慎交游、择术业、谨服制/条文详分项目规训
298	1889	《家训六条》	邵佑南等：《毗陵安尚桥邵氏宗谱》卷一，清光绪十五年点易堂木活字本，江苏武进	孝悌、正妻、择友、读书、坟墓、祭祀/条文详分项目规训
		《宗约新增》	邵佑南等：《毗陵安尚桥邵氏宗谱》卷一，清光绪十五年点易堂木活字本，江苏武进	笃孝悌、肃家庭、别长幼、睦宗族、崇教学、虔祭祀、培坟墓、择配享、肃宗祠、重祭器、勤本业、杜刁讼、禁赌博、严管祠/条文详分项目规训
299	1890	《吕氏宗训》	吕绍山等：《开沙吕氏族谱》卷首，清光绪十六年木活字本，江苏丹徒	作养贤良、附读书法、佑启子孙、敬亲、教子、友爱、内教、和睦亲邻、择师、敦俭朴、戒惰游、守成业、筹生计、戒争讼、慎言/条文详分项目规训
300	1890	《家训劝善十二条》	编者不详：《寿州庞氏宗谱》卷一，清光绪十六年本，安徽寿州	敬祖先、孝父母、隆师长、宜兄弟、正闺阃、慎交游、尚勤俭、睦宗族、务读书、重节孝、勤职业、崇阴骘/条文详分项目规训

续 表

序号	年份	篇目	出处	内容/体例形式
300	1890	《家规惩恶十二条》	编者不详:《寿州庞氏宗谱》卷一,清光绪十六年本,安徽寿州	戒忤逆、戒凶横、戒赌博、戒酗酒、戒盗窃、戒强葬、戒伐荫、戒邪淫、戒抗粮、戒争讼、戒轻佻、戒刻薄/条文详分项目规训
301	1890	《祖训》	许宗长等:《古虞许氏宗谱》卷一,清光绪十六年惠保堂刻本,浙江上虞	尊祖、孝亲、事长、恤幼、交友、治家、处世、务学/条文详分项目规训
302	1890	《家范》	周荫棠等:《临水周氏宗谱》卷首,清光绪十六年汝南郡活字本,浙江杭州	立宗长、戒犯上、祭礼、冠婚丧祭、恤孤寡、群防盗贼水火、表忠孝节义廉、本业、禁异端、禁杂贱、坟山、续谱/条文未详分项目规训
		《家规(孝悌忠信礼义廉耻八解)》	周荫棠等:《临水周氏宗谱》卷首,清光绪十六年汝南郡活字本,浙江杭州	孝箴、悌箴、忠箴、信箴、礼箴、义箴、廉箴、耻箴/条文详分项目规训
		《家训八箴》	周荫棠等:《临水周氏宗谱》卷首,清光绪十六年汝南郡活字本,浙江杭州	敦孝悌、教子孙、重祭祀、厚宗族、植名节、恤穷独、勤耕织、慎嫁娶/条文详分项目规训
		《重续家训七律诗八首》	周荫棠等:《临水周氏宗谱》卷首,清光绪十六年汝南郡活字本,浙江杭州	葺谱牒、修宗祠、载迁移、铭墓志、序纵横、设膳读、谨传赞、请旌表/条文详分项目规训
303	1891	《家训》	周济棠等:《蒋湾桥周氏续修宗谱》卷一,清光绪十七年爱莲堂木活字本,江苏武进	方正学、真西山、省身录、彭石屋、詹宗华、袁氏世范、法楹、彭仲刚、古语、庄语、小学、郑氏家规、应俊、省心录、约言/先祖与先贤训言结集

续 表

序号	年份	篇目	出处	内容/体例形式
303	1891	《家规》	周济棠等：《蒋湾桥周氏续修宗谱》卷一，清光绪十七年爱莲堂木活字本，江苏武进	孝父母、兄弟、尊卑、族长、蒙养、读书、戒嫖赌、婚娶、送终、坟墓、禁淫乱、本业、禁异端、继嗣、禁杂贱、祖庙、祭祀、管账、劝惩/条文未详分项目规训
304	1892	《家规》	邵惟金等：《东井登云邵氏宗谱》卷一，清光绪十八年木活字本，浙江淳安	修祖祠、谨祀田、饬墓茔、敦孝悌、睦宗族、慎婚嫁、严内外、训子孙、禁妒害、正术业、培善类、藏谱牒/条文详分项目规训
305	1892	《义庄宗禁》	范桀照等：《范氏宗谱》卷三，清光绪十八年后乐堂木活字本，江苏常熟	禁抗欠钱粮、禁毁弃墓田、禁违逆父兄、禁冒犯尊长、禁立嗣违法、禁詈骂斗殴、禁窝留盗匪、禁赌博造卖、禁奸淫伤化、禁健讼匪为/条文详分项目规训
306	1892	《家训四要》	陶栗村等：《宁乡陶氏四修家谱》卷首，清光绪十八年刻本，湖南宁乡	礼仪（婚礼、丧礼）、邱墓、行业、法守/条文详分项目规训
		《家约、新增家约》	陶栗村等：《宁乡陶氏四修家谱》卷首，清光绪十八年刻本，湖南宁乡	坟墓、丧葬、睦族、夫妇、婚姻、戒异端、闺阃、国课、戒兴讼、戒通贿官府、戒代写离书、谨言语、戒溺女、尊卑、内外、执业、教子孙、戒结盟入会、戒杂贱/条文未详分项目规训
307	1893	《宗规》	盛康：《龙溪盛氏宗谱》卷首，清光绪十九年敦睦堂木活字本，江苏武进	乡约宜遵、名分宜正、祀典宜崇、茔墓宜展、谱牒宜修、礼让宜敦、族谊宜全、继嗣宜全、争产宜戒、职业宜勤、赋役宜供、守望宜严、邪巫宜禁、祭产宜重/条文详分项目规训

续　表

序号	年份	篇目	出处	内容/体例形式
307	1893	《家训》	盛康:《龙溪盛氏宗谱》卷首,清光绪十九年敦睦堂木活字本,江苏武进	人孝、出悌、睦族、勤俭、治家、义方、择交、读书、惜字、戒讼、禁博、遏淫、改过、积善/条文详分项目规训
		《教约十八条》	盛康:《龙溪盛氏宗谱》卷首,清光绪十九年敦睦堂木活字本,江苏武进	毋犯忤逆、毋听妇言、毋作奸淫、毋偷盗、毋好词讼、毋习赌博、毋贪财货、毋当匪类、毋继异姓、毋好斗狠、毋恣倨傲、毋鬻妻女、毋沉酒色、毋好悠闲、毋聚佛会、毋吃鸦片、毋执贱役、毋恃倔强/条文详分项目规训
308	1893	《家规》	李和卿:《寿昌李氏宗谱》卷一,清光绪十九年笃亲堂抄本,湖北鄂城	宗祠、茔墓、尊卑、祭田、励学、本职、读书、教子孙/条文未详分项目规训
309	1893	《诫言十则》	何连升等:《萧山芹沂何氏宗谱》卷首,清光绪十九年世恩堂木活字本,浙江萧山	戒不孝不悌、戒不睦宗党、戒不务恒业、戒不尚节俭、戒赌博开场、戒奸盗不法、戒嗜酒行凶、戒误入优隶、戒不完国课、戒出入衙门/条文详分项目规训
310	1893	《家训》	任正沛:《君山任氏支谱》不分卷,清光绪十九年求真书屋木活字本,福建闽侯	论语书二卷,其理大中至正,如权衡,然足以称万物之轻重……/条文未详分项目规训
311	1893	《双柏堂家训十六条》	王秋农等:《京口顺江洲王氏家乘》卷一,清光绪十九年双柏堂木活字本,江苏镇江	时输纳、修谱牒、建祠宇、志坟墓、谨祭祀、孝父母、友兄弟、教子孙、恤孤寡、和乡里、务诗书、力农亩、安生理、毋非为、戒赌博、息争讼/条文详分项目规训

续 表

序号	年份	篇目	出处	内容/体例形式
312	1893	《家规、公议家规(光绪十九年)》	关蔚煌等:《南海关树德堂家谱》,清光绪年间刻本,广东	孝道、尊卑、戒奸淫、戒偷盗、禁窝匪、禁持械斗殴、禁烟赌、禁妇人出头图赖、禁不孝、婚嫁、尝银、公款列明、禁包庇子侄、祠堂公物/条文未详分项目规训
313	1893	《家训》	李良赞等:《湘东桃桥李氏续修宗谱》首卷一,清光绪十九年木活字本,湖南衡阳	孝父母、友兄弟、敬伯叔、睦宗族、别夫妇、慎交游、饬闺范、正名分、广基善、勤诵读、课农桑、崇节俭、端行谊、谨言语、戒骄盈、存心术、遏色欲、慎货财、酌婚嫁/条文详分项目规训
		《宗规》	李良赞等:《湘东桃桥李氏续修宗谱》首卷一,清光绪十九年木活字本,湖南衡阳	警逆忤父母、警藐抗国法、警残忍兄弟、警傲慢宗族、警滥交匪朋、警不务正业、警乖舛伦常、警逆杀女婴、警侵蚀公租、警挖戕坟树/条文详分项目规训
		《古训录、格言、圣谕》	李良赞等:《湘东桃桥李氏续修宗谱》首卷一,清光绪十九年木活字本,湖南衡阳	古训录、朱子治家格言/先祖与先贤训言结集
314	1894	《家范》	袁斯考等:《淄川袁氏家谱》卷六,清光绪二十年刻本,山东淄博	始祖历履考、家世纪年表、六世祖叔祖宗儒公暨八世祖叔祖熙寰公传、族太高祖临淮公传……/单篇式规训
315	1894	《家规》	敖本轩等:《雉南敖氏宗谱》卷一,清光绪二十年敦伦堂木活字本,浙江长兴	敦孝悌、崇祀墓、正名分、睦宗族、严教训、重后嗣、睦妯娌、勤职业、止讼端、正婚配、肃闺壶、重廉耻/条文详分项目规训

续 表

序号	年份	篇目	出处	内容/体例形式
316	1894	《家训》	陈煜等:《白汑陈氏六修族谱》,清光绪二十年德星堂刻本,湖南潭州	隆祠宇、保祖茔、重祭祀、修族谱、孝父母、宜兄弟、睦宗族、正名分、戒淫乱、戒赌博、戒溺女、戒改葬/条文详分项目规训
317	1894	《家训》	施南初:《安吉施氏宗谱》卷一,清光绪二十年纂修木活字本,浙江安吉	忠君、孝亲、孔怀、追远、睦族、辨分、恤贫、惩恶、幼仪、内则/条文详分项目规训
318	1895	《家训》	朱增监等:《山阴白洋朱氏宗谱》卷五,清光绪二十一年玉泉堂铅印本,浙江绍兴	礼让、本业、容隐、尊卑、出仕、教子、改嫁、赌博、酗酒、禁子舍寺观、忍、谦、忌日、丧葬、朋友、戒贪、交易、兄弟、夫妇、孝亲、读书、风水/条文未详分项目规训
319	1895	《族规、族禁》	李超琼:《合江东乡李氏族谱》卷八,清光绪二十一年活字本,四川	奉祖先、孝父母、和兄弟、睦宗族、和乡邻、教子弟、戒习染、奖名节、慎婚嫁、急赋税、禁当差、禁为匪、禁入会、禁从教、禁出家、禁自贱/条文详分项目规训
320	1895	《蔚文公家训规约十条》	周大钧等:《剡溪周氏宗谱》卷二,清光绪二十一年报本堂木活字本,浙江嵊县	笃孝思、敦友爱、序尊卑、重大事、谨闺阃、慎婚嫁、息争讼、戒游堕、禁赌博、辟僧教/条文详分项目规训
		《禁规十条》	周大钧等:《剡溪周氏宗谱》卷二,清光绪二十一年报本堂木活字本,浙江嵊县	禁不孝、禁住庙内、禁庙内堆杂物、禁甬道晒五谷、禁庙内嬉戏、禁神主入座、庙内调处是非、禁衣冠不洁者祭祀、戒庙内家什外借、戒祭祀器皿带家/条文详分项目规训
321	1895	《家规》	李汝霖等:《任城李氏族谱》卷首,清光绪二十一年崇本堂刻本,山东济宁	恤乡里、祭田、祭扫坟茔、宗祠、命名/条文详分项目规训

续 表

序号	年份	篇目	出处	内容/体例形式
322	1895	《家训》	刘训濂等修:《中湘升廷山刘氏三修族谱》,清光绪二十一年天禄堂刻本,湖南	孝顺父母、友兄弟、睦宗族、肃闺阁、慎婚、务本业、早完纳、谨丧葬、保坟茔/条文详分项目规训
		《家规》	刘训濂等修:《中湘升廷山刘氏三修族谱》,清光绪二十一年天禄堂刻本,湖南	正心术、去强梁、崇礼让、广施济、抑浮薄、重宾师、择交游、厚姻亲/条文详分项目规训
		《家禁》	刘训濂等修:《中湘升廷山刘氏三修族谱》,清光绪二十一年天禄堂刻本,湖南	禁逆丧、禁出妻、禁娶妾、禁溺女、禁异端、禁盗窃、禁抹塚、禁奢华/条文详分项目规训
323	1896	《家规》	潘家裕等:《庐州潜川潘氏宗谱》卷首,清光绪二十二年种桃堂木活字本,安徽	积阴德、谨言语、慎举动、励臣节、尽子道、敦友于、正嫡庶、重婚姻、慎丧葬、严祭祀、置祭田、立宗法、修宗谱、谨名讳、明宗祀、敬茔墓、别尊卑、和族党、教子弟、肃闺门、崇俭约、勤耕织、习文艺、旌奖孝友节烈、旌尚义德行、禁家讼、禁刁恶、禁嫖赌、禁杂贱/条文详分项目规训
324	1896	《家规》	刘铮等:《刘氏宗谱》卷一,清光绪二十二年明经堂木活字本,江苏如皋	教子孙、择明师、丧礼、祭礼、谱牒、家庙/条文详分项目规训
325	1896	《家训十八条》	徐佐廷等:《萧山塘湾徐氏家谱》卷一,清光绪二十二年承宗堂木活字本,浙江萧山	正伦常、均恩义、笃父子、厚兄弟、别夫妇、和妯娌、严阃范、正男位、恤宗族、睦邻里、崇信义、正心术、公评论、正士风、安本分、勤生理、尚节俭、谨非为/条文未详分项目规训

续 表

序号	年份	篇目	出处	内容/体例形式
326	1896	《侯城家训》	六子龄:《江阴六氏宗谱》卷二,清光绪二十二年侯城书屋木活字本,江苏江阴	敦伦纪、净心地、循礼法、务本业、崇节俭、宗谦让、重祭祀、严内外、窒嗜欲、慎交游/条文详分项目规训
		《宗规》	六子龄:《江阴六氏宗谱》卷二,清光绪二十二年侯城书屋活字本,江苏江阴	建祠、祭祀、父母、兄弟、睦族、守节、读书、家法、择业、谦和谨慎、嫁娶、宗谱/条文未详分项目规训
327	1896	《家规》	包竺峰等:《吉岭包氏续修宗谱》卷一,清光绪二十二年木活字本,江西南城	祀典、祭日、尊卑、祠业田产、护基护坟、禁为奸盗、禁直讼公庭、奖贤能、继立、祖坟、名讳字号、励学/条文未详分项目规训
		《家训》	包竺峰等:《吉岭包氏续修宗谱》卷一,清光绪二十二年木活字本,江西南城	敦孝行、隆友爱、睦宗族、择友朋、和邻里、训子弟、务学业、勤耕作、谨婚娶、规赌博、戒色荒、警奢华、惩势利、禁胡行/条文详分项目规训
328	1896	《家规》	朱本炎等:《楚黄朱氏支谱》卷首,清光绪二十二年积善堂木活字本,湖北黄冈	孝悌、祭祀、尊卑、勿恃强凌弱、禁词讼、本业、禁非为、禁乱伦就婚、完国课、祖墓、祠宇、禁败风俗、修谱/条文未详分项目规训
		《家训》	朱本炎等:《楚黄朱氏支谱》卷首,清光绪二十二年积善堂木活字本,湖北黄冈	尊朝廷、孝父母、友兄弟、睦宗族、肃闺范、严称谓、端蒙养/条文详分项目规训
329	1896	《宗训》	祁奎南等:《石庄祁氏续修宗谱》卷二,清光绪二十二年宝善堂木活字本,江苏江阴	重祠宇、修谱牒、谨祭祀、顺父母、和兄弟、睦宗族、当保身、务勤俭、教子孙、正名分、怜孤寡、志坟墓、积阴德/条文详分项目规训

续 表

序号	年份	篇目	出处	内容/体例形式
329	1896	《家规》	祁奎南等：《石庄祁氏续修宗谱》卷二，清光绪二十二年宝善堂木活字本，江苏江阴	冠笄、婚姻、丧葬、祭祀、孝亲、敬长、尊师、慈下、游惰、赌博、斗讼、内外、纵欲、浪饮、节用、税粮/条文详分项目规训
330	1897	《家规》	《毗陵苏氏宗谱》卷一，清光绪二十三年文海堂木活字本，江苏常州	敦教训、谨丧葬、厚祭祀、别夫妇、顺父母、友兄弟、睦宗族、治祠宇、修宗谱/条文详分项目规训
331	1897	《家规》	石铭章等：《毗陵石氏宗谱》卷首，清光绪二十三年笃厚堂木活字本，江苏武进	修祠宇、谨祭祀、志坟墓、修谱系、设教明伦、重禄守官、畏法度、急粮税、毋御祭田、毋伐丘木、慎丧葬、择婚姻、务本黜末、去奢从俭、惜产业、息争讼、扶难恤病、慎交游、恤童仆、赏罚从义/条文详分项目规训
332	1897	《安邑公手纂家训、都转公手纂家训》	鹿传霖等：《定兴鹿氏二续谱》卷十，清光绪二十三年北京定兴鹿氏刻本，河北	安邑公手纂家训（高祖考侍御公谕曾大父封太常公兄弟、曾大父封太常公谕大父忠节公、大父忠节公上曾大父封太常公、大父忠节公与叔祖庠生恒岳公、大父忠节公谕先考解元公、叔祖恒岳公与大父忠节公、先考解元公上大父忠节公）、都转公手纂家训（忠节公年谱语录、四书说约节录）/先祖与先贤训言结集
333	1897	《宗约》	陈以昭等：《江阴陈氏支谱》卷一，清光绪二十三年彩星堂木活字本，江苏江阴	尊卑、冠礼、婚嫁、丧礼、祭祀、茔冢、宗子、祠堂、延师、为学、出仕、本业、和乡睦族、会饮、闺门、兄弟、继立、尚义周贫/条文未详分项目规训

续 表

序号	年份	篇目	出处	内容/体例形式
333	1897	《家规》	陈以昭等:《江阴陈氏支谱》卷一,清光绪二十三年彩星堂木活字本,江苏江阴	冠婚、丧祭、家长、宗子、睦族、治家、内外、卑幼、务实、惧法、守约、积德/条文详分项目规训
334	1897	《祖训》	冯景坡等:《绩溪东关冯氏家谱》卷首,清光绪二十三年木活字本,安徽绩溪	孝父母、友兄弟、敬祖宗、睦宗族、正婚姻、严闺阃、务勤俭、兴文教/条文详分项目规训
335	1897	《家规》	陶玉金:《陶氏宗谱》卷一,清光绪二十三年五柳堂木活字本,江苏扬州	修世系、碑志坟墓、岁时祭祀、孝父母、敬长上、和兄弟、教子孙、睦宗族、怜孤寡、力农耕、省冗费、戒争讼、戒赌博/条文详分项目规训
336	1897	《宗规条例》	沈湛钧等:《常州白洋桥沈氏宗谱》卷一,清光绪二十三年春晓堂木活字本,江苏常州	敦孝悌、肃内外、戒纷争、明礼让、崇教学、安本业、辨续嗣、择婚姻、重丧葬、诚祭祀、培坟茔、整祠宇、重祭器、建墓碑、惩匪僻、戒奸渎、息词讼、究侵蚀、恤孤寡、睦宗族、禁赌博、增祠田/条文未详分项目规训
337	1897	《家训》	顾景璐等:《锡山顾氏宗谱》卷三,清光绪二十三年刻本,江苏无锡	洞阳公命子书、九华公禁约、双丸公课儿说、勉斋公训言/先祖与先贤训言结集
338	1897	《祖训(光绪二十三)》	沈德沧:《续修兰风沈氏宗谱》卷首,清光绪二十七年肃雝堂活字本,浙江余姚	尊祖、事长、恤幼、立志、务学、守身、治家、交友、处事、行善/条文详分项目规训
		《宗规(光绪二十三)》	沈德沧:《续修兰风沈氏宗谱》卷首,清光绪二十七年肃雝堂活字本,浙江余姚	伦常、祭先、祠屋禁积杂物、香火、祠堂、祠内/条文未详分项目规训

续 表

序号	年份	篇目	出处	内容/体例形式
339	1898	《家规》	巢盈升等:《毗陵巢氏宗谱》卷一,清光绪二十四年余德堂木活字本,江苏武进	父母、兄弟、睦族、尊卑、本业、读书、国课、嫁娶、丧葬、守节、禁出继、族长、祭祀、劝惩、崇孝悌、睦宗族、谨祭祀、重丧葬、守坟茔、整祠宇、明礼让、慎交游、习诗书、息词讼、安本业、充国课、究侵蚀、崇节俭、存遗像、存文集、义田、祀典、婚娶、送终、禁淫祠、宴亲朋、蒙养、择师/条文未详分项目规训
340	1898	《家训》	王锡韩等:《慈溪王氏宗谱》卷一,清光绪二十四年崇本堂木活字本,浙江慈溪	祭以敬、正名分、处富贵贫贱、尽礼、各安职分、尽妇职、教子弟、无听唆调、勿私蓄、勿赌博、衣食适中、称贷取息、祖宗基业、延师友/条文未详分项目规训
341	1898	《家箴》	傅竹湘等:《傅氏族谱》卷三,清光绪二十四年清河堂木活字本,湖南湘潭	孝父母、和兄弟、肃祠祀、重坟墓、立后嗣、严教导、谨婚姻、尚勤俭、忍气性、正闺门/条文详分项目规训
		《家规》	傅竹湘等:《傅氏族谱》卷三,清光绪二十四年清河堂木活字本,湖南湘潭	孝亲敬长、隆师亲友、鞠育教养、读书写字、出处进退、节义勤俭、饮食服御、里度权衡、保宗身家/条文详分项目规训
		《宗规》	傅竹湘等:《傅氏族谱》卷三,清光绪二十四年清河堂木活字本,湖南湘潭	乡约当遵、祠墓当展、名分当正、族类当辨、宗族当睦、谱牒当重、闺门当肃、蒙养当豫、姻里当厚、赋役当供、争讼当止、节俭当崇、守望当严、邪巫当禁/条文详分项目规训

续 表

序号	年份	篇目	出处	内容/体例形式
342	1898	《家训》	朱鲁堂等:《古歙潭渡朱氏迁常续修支谱》卷一,清光绪二十四年义安堂木活字本,江苏武进	《文公家训》《汇集格言》《万善孝为先》等/先祖与先贤训言结集
343	1898	《家训》	周恭先:《文溪丽坦周氏宗谱》卷一,清光绪二十四年光祖堂木活字本,浙江江山	孝悌忠信礼义廉耻/条文详分项目规训
344	1898	《宗训》	蒋金川:《昆陵墅村蒋氏再修族谱》卷二,清光绪二十四年追远堂木活字本,江苏武进	崇孝行、常友恭、勤本业、务读书、惩奢侈、禁赌博、戒家讼、摈充役、谨闺门、慎婚姻/条文详分项目规训
		《宗规(附律例摘要)》	蒋金川:《昆陵墅村蒋氏再修族谱》卷二,清光绪二十四年追远堂木活字本,江苏武进	庭闱、夫妇、睦族、检身、饬行、治家/条文详分项目规训
345	1899	《灿东府君家训(光绪二十五年)》	李学诗等:《腾冲叠水河李氏家谱》不分卷,民国二年刻本,云南	孝悌忠信、勤俭早起、爱重亲仁、自立知耻/条文详分项目规训
346	1899	《家训》	张竹林等:《张氏孝友堂续存名录》卷一,清光绪二十五年孝友堂木活字本,安徽芜湖	要存心、要敬父母、要和兄弟、要读书、要敬师、要训女、要葬亲、要少饮、附言(谦和、婚姻、奴仆)/条文详分项目规训
347	1899	《家规》	孙锦镛等:《四安孙氏重修家谱》卷二,清光绪二十五年本,安徽宣城	尊祖、睦族、祠宇、祭祀、坟墓、尚礼义、勿自骄自贱、婚姻、朋友、周穷恤匮、勿藏珍玩、冠礼、婚礼、勿僭侈、孝悌、禁为盗贼、禁为杂贱、祭产、荫树坟石/条文未详分项目规训

续 表

序号	年份	篇目	出处	内容/体例形式
348	1899	《赵氏宗训》	赵书金等:《赵氏分谱》卷五,清光绪二十五年木活字本,江苏丹徒	敦孝悌、笃宗族、予职业、务勤俭、崇德行、摒匪类、行庆吊、恤患难、守训言、严劝惩/条文详分项目规训
349	1899	《宗规》	汤载赓等:《宜兴襄王汤氏宗谱》卷首,清光绪二十五年报本堂木活字本,江苏	崇孝悌、睦宗族、尚礼义、敦诗书、尊师友、训子孙、奖贤才、旌节烈、修祭祀、饬祠宇、谒朔望、扫茔墓、戒奢侈、务勤俭、谨婚姻、济茕独、习争讼、供赋税、端风化、严约禁/条文详分项目规训
350	1899	《祖训》	杨荫光等:《南关杨氏族谱》卷十六,清光绪二十五年敬思堂铅印本,广东中山	父母、兄弟、当官之法、夫妇、立身、耕读、修身、勤俭、恤宗族/条文未详分项目规训
		《家规》	杨荫光等:《南关杨氏族谱》卷十六,清光绪二十五年敬思堂铅印本,广东中山	敦孝悌、钱粮、重嗣续、禁构讼、禁赌博、禁酗酒、禁充优隶、禁偷盗、禁冒签本户名字、矢心公/条文未详分项目规训
351	1899	《家规·圣谕十六条》	周锦章:《茅冈周氏族谱》卷一,清光绪二十五年周永思堂刻本,广东番禺	敦孝悌、笃宗族、和乡党、重农桑、尚节俭、隆学校、黜异端、讲法律、明礼让、务本业、训子弟、息诬告、诫匿逃、完钱粮、联保甲、解雠忿/条文详分项目规训
		《家规·规族约言》	周锦章:《茅冈周氏族谱》卷一,清光绪二十五年周永思堂刻本,广东番禺	敦行孝悌、教训子孙、敬展祠墓、增置祭田、举立继嗣、奖劝读书、勤务生业、早完国课、和睦宗族、敬重谱牒、崇尚忠信、裁抑奢侈/条文详分项目规训

续 表

序号	年份	篇目	出处	内容/体例形式
351	1899	《家规·诫族规条》	周锦章:《茅冈周氏族谱》卷一,清光绪二十五年周永思堂刻本,广东番禺	孝悌、尊长、尝银尝业、祖坟、承佃祖业、祠堂、赌博、淫乱、婚姻、窝匪结党、招食鸦片、强盗穿窬、麻疯大疾/条文未详分项目规训
352	1900	《谱训、谱戒》	王家义等:《金沙王氏大成宗谱》卷一,清光绪二十六年三槐堂木活字本,江苏镇江	尊卑、居家、出仕、读书、尚德、本业、禁酒色/条文未详分项目规训
		《弘宗十要》	王家义等:《金沙王氏大成宗谱》卷一,清光绪二十六年三槐堂木活字本,江苏镇江	造就人才、敦尚风化、扶纲植纪、杜讼惩刁、勤差急税、矜恤孤寡、正己正人、善御仆从、谨择交游、洁清自爱/条文详分项目规训
353	1900	《宗训十二则》	诸喧宝:《诸氏宗谱》卷二,清光绪二十六年敦睦堂木活字本,江苏常州	尽孝、敦悌、睦族、崇礼、培德、重祭、务学、勤业、节俭第、择交、息讼、戒赌/条文详分项目规训
		《家训》	诸喧宝:《诸氏宗谱》卷二,清光绪二十六年敦睦堂木活字本,江苏常州	方正、忍、知心养性、兄弟、俭美德、积阴德、取长、事父母/条文未详分项目规训
		《家约》	诸喧宝:《诸氏宗谱》卷二,清光绪二十六年敦睦堂木活字本,江苏常州	族长、子弟、禁胥吏或倡优等、严妻、禁倒卖宗祠财产等/条文未详分项目规训
354	1900	《家训》	周运宦等:《涧山周氏四修族谱》卷四,清光绪二十六年敦伦堂木活字本,湖南长沙	敬祖宗、孝父母、睦兄弟、和夫妇、笃宗族、慎交友、崇勤俭、教子弟、肃闺门、慎丧葬、和相邻、慎言语、尚谦恕、戒争讼、遏淫欲/条文详分项目规训

续 表

序号	年份	篇目	出处	内容/体例形式
355	1900	《宗规》	法庆祥等:《法氏宗谱》卷一,清光绪二十六年锦晖堂,江苏武进	乡约当尊、祠墓当展、族类当辨、宗族当睦、闺门当肃、蒙养当豫、姻里当厚、职业当勤、赋役当供、争讼当止、节俭当崇、守望当严、邪巫当禁、四礼当行/条文详分项目规训
356	1900	《家规》	张庆彬等修:《旌阳张氏通修宗谱》,清光绪二十六年永思堂刻本,安徽	敦孝悌、尽忠顺、睦乡党、肃闺阃、谨婚姻、慎交游、教子弟、重师傅、植士品、择常业、禁赌博、戒刁讼、革奢侈、守谦谨、洁祭祀、省坟墓、设义学、置义塚/条文详分项目规训
357	1900	《规训》	曾傅等:《湘乡曾氏族谱》艺文三,清光绪二十六年三省堂活字本,湖南	孝养父母、尊敬长上、敦睦宗族、敦友爱、和睦乡里、教训子孙、各安生理、崇尚节俭、早完粮饷、勤祭扫、习礼让、存忠信、守廉节、勿作非为、勿逞争斗、勿同姓为婚、勿异姓乱宗、勿弃亲毁盟、勿越葬发冢、勿酗酒赌博、勿偏爱溺女、勿称谓不正/条文详分项目规训
		《家劝》	曾傅等:《湘乡曾氏族谱》艺文三,清光绪二十六年三省堂活字本,湖南	劝知冠礼、劝知婚礼、劝知丧礼、劝知祭礼、劝知乡饮礼、劝知相见礼/条文详分项目规训
		《家戒》	曾傅等:《湘乡曾氏族谱》艺文三,清光绪二十六年三省堂活字本,湖南	戒淫邪、戒发冢、戒邪说、戒赌博、戒谣谤、戒违制/条文详分项目规训
358	1901	《家范》	张灿禄等:《云阳嘉贤张氏重修族谱》卷一,清光绪二十七年木活字本,江苏丹阳	孝父母、和宗族、谨祭享、志坟墓、慎骄奢、择交游、重家教、习礼仪、戒饮博、禁争讼/条文详分项目规训

续 表

序号	年份	篇目	出处	内容/体例形式
359	1901	《宗规》	张子才等:《梁溪张氏宗谱》卷一,清光绪二十七年萃雅堂木活字本,江苏无锡	宗祠、夫妇、教子弟、择师傅、丧礼、禁杂贱/条文未详分项目规训
360	1901	《家训》	曹镇藩等:《淹溪曹氏宗谱》卷一,清光绪二十七年积庆堂木活字本,江苏武进	敦孝悌、敬尊长、和乡党、饬妇女、务读书、勤本业、崇节俭、急官粮、禁赌博、戒充役/条文详分项目规训
361	1901	《宗规》	吴川法:《谭墅吴氏宗谱》卷一,清光绪二十七年思让堂木活字本,江苏常州	礼仪、孝悌、名节、夫妇、读书、力田、家长、宗子、诸子、诸女、诸妇、择婚、睦邻、安分、律身/条文详分项目规训
		《春鲜公家范》	吴川法:《谭墅吴氏宗谱》卷一,清光绪二十七年思让堂木活字本,江苏常州	恭靓我、冠礼、婚礼、丧礼、祭礼、立心、持己、慎言、积德、治家、睦族、务本、节用/条文详分项目规训
362	1901	《家法十三则》	孙诗宝:《映雪堂孙氏续修族谱》卷首上,清光绪二十七年本,湖南	孝父母、和兄弟、正名分、肃闺门、睦宗族、和乡邻、崇礼教、务正业、敦勤俭、广实济、戒斗讼、安本分、保祖茔/条文未详分项目规训
363	1902	《规训》	张士端等:《张氏宗谱》卷一,清光绪二十八年刻本,安徽	明宗法、定宗长、笃孝思、严庭训、敦友于、励臣职、宜室家、别男女、敬尊长、睦宗族、慎交游、联姻倩、端品行、重耕读、崇节俭、平曲直、急赋税、禁匪贱、戒嫖、谨坟墓、修祠堂、慎祭器、崇祀典/条文详分项目规训

续 表

序号	年份	篇目	出处	内容/体例形式
364	1902	《家规一十六则》	纪崇义等：《润东雩山纪氏宗谱》卷十二，清光绪二十八年木活字本，江苏镇江	孝父母、敬长上、谨祭祀、务本业、重婚姻、慎交游、整伦序、正名分、防奸盗、正风化、崇节俭、行庆吊、戒争讼、节酗饮、奖贤良、禁赌博/条文详分项目规训
365	1903	《旧谱家规》	方汝绍等：《重修炉桥方氏家谱》卷首，清光绪二十九年刻本，安徽	孝亲、夫妇、兄弟、立家庙修坟茔、孝父母、友兄弟、睦宗族、勤俭、诚敬、国赋、勿干刑宪、勿遗亲旧、勿纵奴仆、辨男女内外、嫁娶、勿奢侈、择师、存诗礼气象、尊卑/条文未详分项目规训
366	1903	《家训》	焦大兴等：《润州焦氏宗谱》卷二，光绪二十九年三诒堂木活字本，江苏镇江	忠君、待人、处己、处同僚、居官、忘怨、广学问、存阴骘/条文未详分项目规训
367	1903	《规训》	张锦藻等：《江夏白沙洲张氏宗谱》卷一，清光绪二十九年刻本，湖北武昌	孝父母、和兄弟、端家范、教子孙、戒嫖赌、息争讼、重嫁娶、谨丧葬、务农业、习勤俭/条文未详分项目规训
368	1903	《家训》	袁骏等：《毗陵袁氏宗谱》卷一，清光绪二十九年咸庆堂木活字本，江苏武进	父母、丧葬、祭扫、兄弟、睦族、尊卑、夫妇、嫁娶、教子孙、读书、勤俭、闺阃、治生、本业、驭下/条文未详分项目规训
369	1903	《家训》	张必玺等：《重修张氏家谱》卷首，清光绪二十九年金忍堂木活字本，安徽潜山	忠朝廷、孝父母、和兄弟、敬长上、睦宗族、惠邻里、信朋友、恤孤寡、慎婚姻、肃闺门、教子孙、御仆婢/条文详分项目规训

续 表

序号	年份	篇目	出处	内容/体例形式
369	1903	《家规》	张必玺等:《重修张氏家谱》卷首,清光绪二十九年金忍堂木活字本,安徽潜山	毋忘本业、毋好骄矜、毋尚奢华、毋喜争讼、毋狎小人、毋听妇言、毋缺祭祀、毋暴亲棺、毋葬祖坟、毋信浮屠、毋溺女子、毋宰耕牛/条文详分项目规训
370	1904	《规训志》	李毅生等:《邵邑李氏族谱》卷七,清光绪三十年西平第木活字本,湖南邵阳	孝父母、宜兄弟、和夫妇、笃宗盟、修祖庙、隆祭祀、保坟墓、正婚姻、肃闺门、严嗣续、戒溺女、禁分会、课诵读、奖士气、崇节俭、戒游惰、屏贱役、早完纳、睦邻里、息争讼/条文详分项目规训
371	1904	《家训十则》	李松楼等:《如皋西乡李氏族谱》卷一,清光绪三十年木活字本,江苏南通	崇孝行、笃友于、敦族谊、睦邻里、严教子、戒争讼、谨闺门、奖名节、慎婚姻、急赋税/条文详分项目规训
372	1904	《宗训》	周邦俭等:《毗陵十里牌周氏宗谱》卷一,清光绪三十年周氏集义堂木活字本,江苏武进	尊尊、亲亲、养生、奉终、追远、慎婚、睦族/条文详分项目规训
373	1904	《家训》	杨茂贤等:《毗陵镇塘桥杨氏宗谱》卷一,清光绪三十年道南堂木活字本,江苏武进	方正学、真西山、省身录、彭石屋、詹宗华、袁氏世范、法楹、彭仲刚、庄语、小学、陈氏家规、应俊、省心录、约言/先祖与先贤训言结集
374	1904	《彭城刘氏家规》	刘笑山等:《宛旌礼村刘氏世谱》卷一,清光绪三十年铅印本,江苏铜山	隆孝养、崇悌顺、笃义方、戒伪妄、睦宗族、禁佛老、勤生业,事俭朴、正婚姻、重丧祭、别内外、择交游/条文详分项目规训

续 表

序号	年份	篇目	出处	内容/体例形式
375	1904	《同宗公约》	屠兆沧等:《屠氏昆陵支谱》卷一,清光绪三十年敬齐堂活字本,江苏武进	尊谱牒、避名讳、重祭祀、敦孝悌、宜家室、睦宗族、勤读书、力耕稼、务勤俭、急正供、习礼仪、重廉耻、戒沉酗、禁赌博、绝淫昵、严比匪、遏刁健、远胥吏、拒巫觋/条文详分项目规训
		训约	屠兆沧等:《屠氏昆陵支谱》卷一,清光绪三十年敬齐堂活字本,江苏武进	伦理、勤俭、婚姻、丧祭、继嗣、法戒、争斗、教子、守身、饮博、利欲、闺范、定名分序宗支/条文未详分项目规训
376	1904	《旧家规十二条》	刘燕贻等:《起霞刘氏宗谱》卷之首,清光绪三十年叙伦堂铅印本,安徽太平	隆孝养、崇悌顺、笃义方、戒伪妄、睦宗族、禁术士、勤生业、事俭朴、正婚姻、重丧祭、别内外、择交游/条文详分项目规训
		《新增家规十二条》	刘燕贻等:《起霞刘氏宗谱》卷之首,清光绪三十年叙伦堂铅印本,安徽太平	和兄弟、恤孤寡、敬师儒、辨尊卑、端习尚、明礼让、严坟禁、慎谱牒、息争讼、解仇忿、急征输、广阴骘/条文详分项目规训
377	1904	《戒律十则》	梅光表等:《梅氏宗谱》(叙事卷)卷六,清光绪三十年木活字本,湖北	戒溺女、戒杀牛、戒渔色、戒赌博、戒争讼、戒滥用、戒废事、戒作伪、戒好奇、戒护过/条文详分项目规训
		《至言十道》	梅光表等:《梅氏宗谱》(叙事卷)卷七,清光绪三十年木活字本,湖北	安命、畏天、反身、齐家、择友、养生、尚质、远变、博识、受言/条文详分项目规训
378	1905	《家训旧略计十六条》	甘廷波等:《桐城梅岭甘氏宗谱》卷首,清光绪三十一年燕翼堂木活字本,安徽桐城	尽孝养、敦友爱、教子弟、睦宗族、别尊卑、正婚姻、慎丧祭、惩暴戾、息争讼、择交游、肃闺阃、明嫡庶、思节俭、戒淫博、谨坟茔、重宗谱/条文详分项目规训

续 表

序号	年份	篇目	出处	内容/体例形式
379	1905	《定二公家训八条》	黄文璧等:《抚州宜黄东皋黄氏十一修族谱》卷首,清光绪三十一年刻本,江西	亲课子弟、不听妇言、多留食穀、严禁牌赌、严待孙子、礼待佃人、亲临佃户/条文详分项目规训
380	1905	《家训》	蒋正兴等:《溪北蒋氏宗谱》卷五,清光绪三十一年木活字本,江苏武进	程子、缪文贞家训、魏氏日录衷言书、北史、后汉书、梁书、杨忠愍遗嘱、魏冰叔、袁氏世范、司马温公、祝氏小言、朱子、苏文忠公、高忠宪家训、蔡氏家礼、程子、万文恭墓屋记、家礼辑要、詹君华、郑氏家规、石氏家规、吴氏家训、缪氏家训/先祖与先贤训言结集
		《宗规十劝五戒》	蒋正兴等:《溪北蒋氏宗谱》卷五,清光绪三十一年木活字本,江苏武进	惇孝敬、展祠墓、睦宗族、肃闺门、豫蒙养、厚姻里、勤职业、供赋役、止争讼、崇节俭、戒游荡、戒赌博、戒嗜酒、戒斗狠、戒逸豫/条文详分项目规训
381	1905	《家训》	刘开林等:《晋陵闸头刘氏宗谱》卷二,清光绪三十一年九如堂木活字本,江苏武进	修世系、重祠宇、谨祭祀、志坟墓、孝父母、和兄弟、摈蠹行、重师范、正名分、慎行习、禁祠讼/条文详分项目规训
		《家训旧例》	刘开林等:《晋陵闸头刘氏宗谱》卷二,清光绪三十一年九如堂木活字本,江苏武进	孝父母、敬长上、友兄弟、谨婚姻、严闺阃、戒赌博、珍藏谱牒/条文详分项目规训
		《家规新增》	刘开林等:《晋陵闸头刘氏宗谱》卷二,清光绪三十一年九如堂木活字本,江苏武进	宜敦睦、息争讼、撑立门户、读书、择师、积德、国课、婚娶、风水、闺阃、奴婢、睦族、禁赌博、祭祀、鸦片戒、戒敬惜字纸/条文未详分项目规训

续 表

序号	年份	篇目	出处	内容/体例形式
382	1905	《祖训家范十条》	严登等:《京江小沙严氏宗谱》卷一,清光绪三十一年活字本,江苏镇江	敦孝友、睦宗族、勤生业、节财用、戒争讼、戒倚势、崇典礼、远佛老、别男女、重家学/条文详分项目规训
383	1906	《族规》	文维新:《文氏宗谱》,清光绪三十二年绵远堂木活字本,河南光山	祖祠、祭规、祠田、励学、婚姻、继立、守节、禁为皂役、恤族、坟茔/条文未详分项目规训
384	1906	《米脂公训诫》	文维新等:《张氏族谱》卷一,清光绪三十二年木活字本,河南宁陵	四戒(戒嗜酒、戒放旷、戒多言、戒高傲);四劝(劝读书、劝勤耕种、劝要明理、劝要和气)/条文详分项目规训
385	1906	《家训条规十六则》	王学庸等:《上元苏庄王氏宗谱》卷二,清光绪三十二年孝思堂木活字本,江苏南京	笃彝伦、联宗族、明宗法、敦孝悌、谨祭祀、饬丧礼、慎婚姻、惜财用、严闺阃、隆继嗣、务本业、勤赋役、重先茔、省词讼、禁溺女、远邪僻/条文详分项目规训
386	1906	《宗型十二则》	高圻等:《山阴前梅高氏仲如公派房谱稿》册一,清光绪三十二年忠孝堂刻本,浙江绍兴	祭典、省墓、孝亲、敬长、友于、别男女、敬师友、训子弟、务勤俭、戒赌博、重丧葬、旌节烈/条文详分项目规训
387	1906	《家规》	冯锦标等:《冯氏宗谱》卷三,清光绪三十二年伦正堂刻本,江苏武进	敬天、孝亲、教子孙、读书、本业、兄弟、夫妇、内外、朋友、吃亏、积善、知天命、勤俭、戒女色、戒赌博、积德、婚姻、财用、言语、忠君、完粮/条文未详分项目规训

续 表

序号	年份	篇目	出处	内容/体例形式
388	1906	《家训》	王昌荣等:《京江开沙王氏族谱》卷一,清光三十二年佩傅堂木活字本,江苏镇江	修谱系、谨封茔、遵祖训、孝父母、和兄弟、睦宗族、正夫妇、崇正学、法古人、修言行、勤耕织、急条粮、防饥馑、习勤俭、教子孙、慎交与、立宗法、颁宗约、敬尊长、厚邻里、笃亲友、择婚姻、谨闺门、广生息、戒酗淫、惩赌博、毋结怨、贬愚顽、哀茕独、恤奴仆、禁斗殴、毋讦讼/条文详分项目规训
		《宗约》	王昌荣等:《京江开沙王氏族谱》卷一,清光三十二年佩傅堂木活字本,江苏镇江	务本业、尊卑、择师、立族长、祭祀、睦族、积善、励节孝、慎名讳、谱牒/条文未详分项目规训
389	1906	《家训总略》	余绍蓉等:《龙舒余氏宗谱》卷二,清光绪三十二年桐邑文贻榖堂木活字本,安徽舒城	笃忠荩、尽孝养、敦友爱、正婚姻、教子弟、睦宗族、别尊卑、慎丧祭、惩暴戾、息争讼、慎交游、务本业、肃闺阃、明嫡庶、尚节俭、戒淫博、谨坟茔、重祀田、建祠宇、重谱牒/条文详分项目规训
		《补遗》	余绍蓉等:《龙舒余氏宗谱》卷二,清光绪三十二年桐邑文贻榖堂木活字本,安徽舒城	续嗣延、重祠长、重阴德、屏异端术士/条文详分项目规训
		《新编家规》	余绍蓉等:《龙舒余氏宗谱》卷二,清光绪三十二年桐邑文贻榖堂木活字本,安徽舒城	积阴德、谨言语、慎举动、励臣节、尽子道、敦友于、正嫡庶、重婚姻、慎丧葬、严祭祀、置祭田、立宗法、修宗谱、谨名讳、明宗祀、敬茔墓、别尊卑、和族党、教子弟、肃闺门、崇俭约、勤耕织、习文艺、旌奖孝友节烈、旌尚义德行、禁家讼、禁刁恶、禁嫖赌、禁杂贱/条文详分项目规训

续 表

序号	年份	篇目	出处	内容/体例形式
390	1906	《宗训》	唐茂盛等:《前洲西里唐氏宗谱》卷一,清光绪三十二年敬爱堂活字本,江苏无锡	修谱系、修祠宇、志坟墓、重祭祀、尊祖训、孝父母、睦宗族、恤孤寡、正嫡庶、择婚姻、重生子、务农亩、重读书、严内外、助婚丧、捐义田、安本分、戒赌博、戒争讼/条文详分项目规训
		《新正宗规》	唐茂盛等:《前洲西里唐氏宗谱》卷一,清光绪三十二年敬爱堂活字本,江苏无锡	祀典、祭祀、祀宇、坟茔、伦范、训课、捐助、管年/条文详分项目规训
391	1907	《家训》	虞子周等:《阳湖大墩虞氏宗谱》卷首,清光绪三十三年鹿野堂木活字本,江苏武进	方正学、真西山、省身录、詹宗华、彭石屋、袁氏世范、法楹、草木子、彭仲刚、庄语、小学、郑氏家规、应俊、省心录、约言、彭石屋/先祖与先贤训言结集
392	1907	《家训》	虞孝谐等:《阳湖大墩虞氏宗谱》卷首,清光绪三十三年鹿野堂木活字本,江苏武进	方正学、真西山、省身录、詹宗华、彭石屋、袁氏世范、法楹、草木子、彭仲刚、庄语、小学、郑氏家规、应俊、省心录、约言、彭石屋/先祖与先贤训言结集
393	1907	《家法》	李嘉宾等:《馆田李氏宗谱》,清光绪三十三年刻本,安徽太平	尽子道、笃友于、宜室家、睦宗族、立族长、别男女、严规则、谨茔墓、供赋税、惩忤逆、禁乱伦、禁嫖荡、戒邪淫、禁赌博、禁盗窃、禁诈伪/条文详分项目规训
394	1907	《修省斋公家规二十条》	叶希明:《新州叶氏家谱》不分卷,清光绪三十三年抄本,安徽歙县	君臣、孝悌、祭礼、教子弟、读书、妇家、嫁女、男女、勤俭、戒讼、患难相恤、凌族、家长、忍、相处、清白传家……/条文未详分项目规训

续　表

序号	年份	篇目	出处	内容/体例形式
395	1907	《族规》	周芳翰:《周氏三续族谱》卷二,清光绪三十三年汝南堂刻本,湖南	孝悌、承继、嫁娶、奴婢、守节、尊卑、勤俭、禁非为、闺范、禁嗜酒赌博、睦族、房长户首总管、试馆、禁砍伐、丧葬、祭祀、励学/条文未详分项目规训
		《家训》	周芳翰:《周氏三续族谱》卷二,清光绪三十三年汝南堂刻本,湖南	敬祖宗、孝父母、友兄弟、正夫妇、睦宗族、重丧葬、保祖墓、谨婚嫁、肃闺门、明继立、隆师尊、择交游、立品行、勤职业、崇节俭、绝赌博、慎择术、和乡邻、凛国法、息争讼/条文详分项目规训
396	1907	《家训》	陈汝兰等:《山阴下方桥陈氏宗谱》卷十七下,清光绪三十三年顾予堂木活字本,浙江绍兴	颜光衷曰:人子有大不孝,而竟忘其为不孝者,有八焉。父母爱惜之过甚,常顺适其性……/单篇式规训
		《宗规》	陈汝兰等:《山阴下方桥陈氏宗谱》卷十七下,清光绪三十三年顾予堂木活字本,浙江绍兴	祠墓当展、族类当辨、名分当正、宗族当睦、谱牒当重、职业当勤、赋役当供、节俭当崇/条文详分项目规训
397	1907	《训约十五款》	陈汝锡等:《如皋县石家甸陈氏宗谱》卷一,清光绪三十三年木活字本,江苏	务农业、勤学问、明五伦、修祭祀、输国税、正名分、守法度、存天理、积阴德、奖贤能、励节孝、惩过恶、戒争斗、尚勤俭、冠婚丧祭尽礼/条文详分项目规训
		《族约、族要》	陈汝锡等:《如皋县石家甸陈氏宗谱》卷一,清光绪三十三年木活字本,江苏	孝亲、婚姻、祭祀、谱牒、读书、循理、敦伦、为善、戒游佚/条文未详分项目规训
		《族戒》	陈汝锡等:《如皋县石家甸陈氏宗谱》卷一,清光绪三十三年木活字本,江苏	戒嗜酒、戒赌博、戒斗狠、戒健讼、戒淫朋、戒豪华、戒骄傲/条文未详分项目规训

续 表

序号	年份	篇目	出处	内容/体例形式
397	1907	《族训三十六条》	陈汝锡等：《如皋县石家甸陈氏宗谱》卷一，清光绪三十三年木活字本，江苏	明哲作则，愚蒙是资，称先述古，率履攸宜，以作族训。柳玭著书，诫子弟曰……/单篇式规训
398	1908	《遗戒十二条》	吴志向等：《毗陵西郊吴氏宗谱》卷一，清光绪三十四年振宜堂木活字本，江苏武进	戒背议、戒妄言、戒兄弟相欺、戒内外不整、戒废学、戒堕业、戒机诈、戒妄想、戒轻师、戒奢华、戒专小利、戒争讼/条文详分项目规训
399	1908	《家规》	范志熙等：《华容范氏支谱》卷首，清光绪三十四年经义堂木活字本，湖南	孝父母、和兄弟、端家范、敬祖先、教子孙、息争讼、睦宗族、重嫁娶、谨丧葬、戒嫖赌/条文详分项目规训
400	1908	《祖训》	刘树屏：《毗陵西关刘氏宗谱》卷一，清光绪三十四年五忠堂木活字本，江苏武进	屏山公示六经堂学者、复斋铭、屏山公遗训/先祖与先贤训言结集
		《漫塘先生家训》	刘树屏：《毗陵西关刘氏宗谱》卷一，清光绪三十四年五忠堂木活字本，江苏武进	孝以事亲，敬以事兄，兄友弟恭，勿容间言，内外必严，出入必谨，庶身之修……/单篇式规训
401	1908	《祖训》	蒋志圻：《萧山临浦蒋氏宗谱》卷一，清光绪三十四年忠雅堂木活字本，浙江	行第、居家、认过、谨始/条文详分项目规训
		《展思录》	蒋志圻：《萧山临浦蒋氏宗谱》卷一，清光绪三十四年忠雅堂木活字本，浙江	敦睦、燕诒、种德、惜福、持己/条文详分项目规训
		《家诫》	蒋志圻：《萧山临浦蒋氏宗谱》卷一，清光绪三十四年忠雅堂木活字本，浙江	端幼习、崇俭约、重农桑、禁游荡/条文未详分项目规训

续　表

序号	年份	篇目	出处	内容/体例形式
402	1908	《祠堂条训》	陈宣铎等:《刘氏宗谱》,清光绪三十四年树德堂铅印本,江苏江阴	孝悌、敬祖、睦族、和邻、读书、教子孙、勤职业、防比匪、戒浇薄、忍争讼、肃治家、敏公事/条文未详分项目规训
	1908	《新增条训》	陈宣铎等:《刘氏宗谱》,清光绪三十四年树德堂铅印本,江苏江阴	尊家长、重宗子、睦宗族、和家室、正婚姻、丧事、墓地、坟茔、择术、耕读、安分、守业、立志、治家、绝嗜好、严禁妇女不准干预祠事、祠内器具不准徇情借出/条文详分项目规训
403	1909	《祖训》	危瑄璋等:《南城危家山危氏宗谱》卷二,清宣统元年敦本堂木活字本,江西南城	忠孝、国课早完、善事父母、兄友弟恭、妇顺夫和、嫡庶、族谊、师友、正业、守分安命/单篇式规训
404	1909	《家训》	周玉府等:《润东周氏族谱》卷一,清宣统元年刻本,江苏镇江	修祠宇、务孝悌、敬长上、教子孙、和宗族、志坟墓、择婚姻、敦善良、勤生理、戒赌博、救患难、恤孤寡/条文未详分项目规训
405	1909	《家训十四条》	金全汉:《古润金氏宗谱》卷一,清宣统元年世耕堂刻本,江苏镇江	报祖宗、笃宗族、敬长上、顺父母、和兄弟、正妻妾、教子孙、慎交游、务勤俭、恤孤寡、毋讼争、戒赌博、戒美色、积阴骘/条文详分项目规训
406	1909	《宗规(圣谕十六条)》	徐上驷等:《万载礼裕江上徐氏族谱》卷首,清宣统元年南州堂,江西	圣谕十六条、先达明训略引(吕新吾名训,张侗初四箴、武侯劝农歌、刘克齐劝仕歌)/先祖与先贤训言结集
		《宗训十则》	徐上驷等:《万载礼裕江上徐氏族谱》卷首,清宣统元年南州堂,江西	敦孝悌、笃族谊、严训课、端品术、禁游惰、急税粮、崇坟墓、肃闺仪、尚周恤、宏作养/条文详分项目规训

续 表

序号	年份	篇目	出处	内容/体例形式
406	1909	《祠中事宜》	徐上驷等：《万载礼裕江上徐氏族谱》卷首，清宣统元年南州堂，江西	参拜祖宗、宗堂、房长、闺仪、祠鼓、入祠断事、会计人选、祠中人员、严惩凶恶之人、祭祀、族长房长应有慈爱之心/条文详分项目规训
407	1909	《家训》	孙朝土：《古虞孙氏宗谱》卷一，清宣统元年忠烈堂，浙江上虞	治家、婚娶、职业、正内外、士农工商各重其业……/条文未详分项目规训
408	1909	《家庙祖训》	朱大辉等：《萧山翔凤朱氏宗谱》卷二，清宣统元年爱敬堂木活字本，浙江萧山	祖训曰自我有身，负荷罔极，鞠育维殷，如卵斯翼。有怀二人，欲报孔亟，相彼乌鸟，人禽足惕……/先祖与先贤训言结集
		《家庙祖诫》	朱大辉等：《萧山翔凤朱氏宗谱》卷二，清宣统元年爱敬堂木活字本，浙江萧山	勿听妇人言、勿私积货财、勿荒废职业、勿怀蓄小怨、勿以少凌长、勿思占便宜、勿好尚纷华、勿驰情荡赌、勿近狎小人、勿存心刻薄/条文详分项目规训
		《家则十条》	朱大辉等：《萧山翔凤朱氏宗谱》卷二，清宣统元年爱敬堂木活字本，浙江萧山	重孝悌以饬伦纪、严教训以督子弟、励廉洁以敦品行、别是非以定曲直、和乡里以息争讼、务职业以安本分、遵礼法以昭肃敬、勤蓄聚以裕祭祀、守器皿以备陈设、勤洒扫以致洁净/条文详分项目规训
409	1909	《家规》	郑晞文等：《稽剡郑氏宗谱》卷一，清宣统元年郑氏贻清堂木活字本，浙江绍兴	孝友和睦、出入有礼、耕读为本、毋好讼、婚配、祠堂、吊庆展墓/条文未详分项目规训

续 表

序号	年份	篇目	出处	内容/体例形式
409	1909	《观光公训子说》	郑畴文等:《稽剡郑氏宗谱》卷一,清宣统元年郑氏贻清堂木活字本,浙江绍兴	吾游胶庠,支廪粟。虽试辄优等,而体弱不胜衣,未能撰述。宋黄庭坚云,四民皆坐世业,士大夫子弟能知忠信孝友斯可矣,但不可使读书种子断绝耳。秀才不入社、不入城,便有三分品地。吾石塔迁祖,通吉挂冠,清德贻后。汝辈当景行也,无绝文种。中间有能成功致身于万乘之相者,则天也/单篇式规训
		《仲如公家训五则》	郑畴文等:《稽剡郑氏宗谱》卷一,清宣统元年郑氏贻清堂木活字本,浙江绍兴	积财千万,无过读书,外史郑奕以文选教子,其兄令读《孝经》《论语》……/单篇式规训
		《匡惠公家训》	郑畴文等:《稽剡郑氏宗谱》卷一,清宣统元年郑氏贻清堂木活字本,浙江绍兴	勿以善小而不为,勿以恶小而为之,化大事为小事,化有事为无事……/单篇式规训
410	1910	《家规十条》	王燕乐:《王氏宗谱》卷一,清宣统二年三槐堂木活字本,安徽合肥	敦孝悌、睦宗族、重坟墓、肃闺门、崇节俭、戒赌博、修职业、禁争讼、行四礼、急官粮/条文详分项目规训
411	1910	《族规(宣统二年)》	龚之纲等:《上湘龚氏支谱》卷首,民国四年木活字本,湖南	敦孝悌、输国课、肃祀典、节公费、护坟墓、督小学、谋生计、峻人格、崇俭约、破迷信、惩非为、戒洋药、严赌博、杜磨溺、禁缠足、重似续、息争讼、明权限/条文详分项目规训
412	1910	《谱训》	高景宪等:《高氏宗谱》卷一,清宣统二年渤海堂木活字本,江苏武进	立心、孝悌、读书、禁非为、禁卖祀田/条文未详分项目规训

续 表

序号	年份	篇目	出处	内容/体例形式
412	1910	《宗禁》	高景宪等：《高氏宗谱》卷一，清宣统二年渤海堂木活字本，江苏武进	禁不孝、禁盗葬祖墓、禁纵子不教、禁不立继/条文未详分项目规训
		《宗约》	高景宪等：《高氏宗谱》卷一，清宣统二年渤海堂木活字本，江苏武进	睦族、族长、宗谱、孝悌、嫁娶、兴讼、义田、恤姊妹/条文未详分项目规训
413	1910	《五伦训箴》	邵玉林：《华阳邵氏宗谱》卷十八，清宣统二年木刻活字印本，安徽绩溪	君臣、父子、夫妇、昆弟、朋友/条文详分项目规训
		《家规》	邵玉林：《华阳邵氏宗谱》卷十八，清宣统二年木刻活字印本，安徽绩溪	宗祠、宗法、族会、书谱、志士、孝亲、弟长、正配、择交、立继、彰善、勤业、节俭、恤族、嫁娶、祀典、重婚、惠下、戒溺、谨讼、别嫌、谨耳/条文详分项目规训
414	1910	《族箴》	刘黼廷等：《余姚开原刘氏宗谱五编》，清宣统二年敦睦堂铅印本，浙江	孝父母、睦兄弟、笃宗族、厚亲邻、务本业、亲贤才、端心术、教子孙、慎交游、戒争讼、重祭祀、省坟墓/条文详分项目规训
		《族劝》	刘黼廷等：《余姚开原刘氏宗谱五编》，清宣统二年敦睦堂铅印本，浙江	勤读书论、劝农业论、劝习艺论、劝节食论、劝择亲论、劝戒酒论、劝戒色论、劝轻财论、劝养气论、劝忍耐论/条文详分项目规训
415	1911	《祖训十二条》	周善鼎：《仙石周氏宗谱》卷二，清宣统三年善述堂刻本，安徽绩溪	明伦理、孝父母、敬祖宗、重诗书、正闺门、睦宗族、务正业、早完粮、息争讼、杜邪风、积阴功、择交友/条文详分项目规训

续 表

序号	年份	篇目	出处	内容/体例形式
416	1911	《家训十则》	张昌定等:《润州开沙张氏族谱》卷一,清宣统三年木活字本,江苏镇江	孝父母、敬长上、和兄弟、睦宗族、表节操、恤困穷、教子孙、慎婚姻、勤事业、择朋友/条文详分项目规训
417	1911	《宗规》	张元动等:《茂陵张氏宗谱》卷五,清宣统三年尊经阁刻本,陕西	敦孝悌、笃宗族、和乡党、务本业、重农桑、尚节俭、隆学校、黜异端、明礼让、训子弟、完钱粮、讲法律、息诬告、戒匿逃、联保甲、解雠忿、举乡约、立禁条/条文详分项目规训
418	1911	《规训》	编者不详:《邵东李氏三修族谱》卷首,清宣统三年敦睦堂刻本,湖南邵阳	天地宜敬、祖先宗宜奉、孝悌宜敦、闺门宜肃、课诵宜勤、师傅宜敬、宗盟宜笃、邻里宜和、交游宜辨、僧道宜远、野祀宜屏、游惰宜惩、财用宜节、赌博宜绝、非为宜禁、争讼宜戒、赋税宜输、溺女宜除、优隶宜杜、转配宜蔑、茔兆宜重/条文详分项目规训
419	1911	《家训十则》	羊福南等:《武进羊氏宗谱》卷一,清宣统三年岘山堂活字本,江苏武进	敦孝悌、敬尊长、和乡党、饬妇女、务读书、勤本业、崇节俭、急官粮、禁赌博、戒充役/条文详分项目规训
		《宗祠规条三十则》	羊福南等:《武进羊氏宗谱》卷一,清宣统三年岘山堂活字本,江苏武进	明宗典、立宗长、崇孝悌、励臣节、宜室家、端蒙养、尊师友、审学业、定生理、睦宗族、慎立嗣、别内外、重婚姻、择门第、恤邻党、旌节烈、设义学、作贤才、奖有功、济茕独、务勤俭、戒赌博、禁游手、息争讼、供赋税、重丧祭、严祭享、谨茔墓、饬祠宇、谒朔望/条文详分项目规训

续 表

序号	年份	篇目	出处	内容/体例形式
420	1911	《家训》	潘大永等:《六安东南乡潘氏宗谱》卷一,清宣统三年公兴堂木活字本,安徽六安	敬祖宗、尊君上、孝父母、友兄弟、序尊卑、尊师友、宜室家、肃闺门、慎婚姻、睦宗族、和邻里、豫教训、崇执业、保身家、尚节俭、立宗法、重丧祭、谨坟茔/条文详分项目规训
		《家戒》	潘大永等:《六安东南乡潘氏宗谱》卷一,清宣统三年公兴堂木活字本,安徽六安	戒奢华、戒骄矜、戒游荡、戒奸淫、戒赌数条、戒家讼、戒听妇言、戒暴亲棺、戒肆酗酒、戒友小人、戒攀富豪、戒结僧道、苦诵读、事继母、禁荒亡/条文未详分项目规训
421	1911	《家训》	邓川大等:《潞城邓氏宗谱》卷一,清宣统三年敦睦堂木活字本,江苏武进	伦纪、婚娶、丧葬、祭祀、睦族、立嗣、立心、教训子弟、交友、争讼、赌博、蒙养/条文详分项目规训
		《家规》	邓川大等:《潞城邓氏宗谱》卷一,清宣统三年敦睦堂木活字本,江苏武进	尽子道、笃友爱、宜室家、择师友、定生业、别男女、务勤俭、戒邪行、嫁女、祭祀、立族正、存礼法、谨茔墓/条文详分项目规训
422	1911	《石林家训》《石林治生家训要略》	叶庆元等:《吴中叶氏家谱》卷二,清宣统三年木活字本,江苏常熟	修身要略以戒诸子、性善说喻子弟、不贰过说喻诸子、尽忠实录以遗子孙、戒诸子侄以保孝行、因仲子程模出仕以忠谏之义谕其行、勉幼子力学解、避难缙云以乐自况、读书、慎言、忠孝首当勿欺、友爱出于至诚/先祖与先贤训言结集
		《卯峰家训》	叶庆元等:《吴中叶氏家谱》卷二,清宣统三年木活字本,江苏常熟	顺亲、兄弟、忠、信、仁、义、廉、耻、勤、俭、恭、恕、礼、乐、诗、书、公、忍、和、让/条文未详分项目规训

续 表

序号	年份	篇目	出处	内容/体例形式
423	1911	《宗规》	张坤照主:《韦庄张氏宗谱》卷首上,清宣统三年承德堂刻本,江苏武进	重谱牒、厚蒸尝、谨丧事、敦孝友、严教养、肃闺门、择嫁娶、崇勤俭、慎租税、厚族谊/条文详分项目规训
		《宗禁》	张坤照主:《韦庄张氏宗谱》卷首上,清宣统三年承德堂刻本,江苏武进	禁居官贪酷流毒下民、禁亲在不养死不葬祭、禁以妾为妻干名犯分、禁良贱为婚有玷家声、禁少年恃强欧辱尊长、禁异姓立继私修入谱、禁嫖赌非为不务正业、禁公堂祭田盗卖买垦、禁经管公账出入不清、禁祠墓轮祭推诿误公/条文详分项目规训
424	1911	《家训》	陈镒等:《白沙陈氏支谱》卷首上,清宣统三年世德堂木活字本,湖南湘乡	笃天亲、崇祀典、正婚姻、敦和睦、择承继、勤教训、禁溺女、止僧道、戒淫行、表节妇、急赋税、息争讼、勿毁盟、劝行善、惩盗葬、重丧礼、慎扦茔、严闺范/条文详分项目规训
		《家规》	陈镒等:《白沙陈氏支谱》卷首上,清宣统三年世德堂木活字本,湖南湘乡	遵王章、肃祭祀、保坟墓、立碑志、重谱牒、严婚姻、序尊卑、严居丧、禁赌博、惩酗酒、息讼端、积公资、崇公正/条文详分项目规训
425	1911	《国英公家训(宣统三年)》	缪之锟等:《东兴缪氏润州支谱》卷首,清宣统三年世庆堂木活字本,江苏镇江	事亲、丧葬、立志、居心、贵俭、治家、戒讼、处世……/单篇式规训
426	1911	《家训》	俞乃桢等:《源潭俞氏宗谱》卷一,清宣统三年金华俞氏木活字本,浙江金华	孝道宜尽、兄弟宜和、齐家最要、婚娶必谨、童蒙宜训、国课早输、职业宜专、爱子宜均、家法宜严、风俗宜端、居丧必慎、祭祀必诚、坟墓当培、义举宜兴/条文详分项目规训

续 表

序号	年份	篇目	出处	内容/体例形式
427	1911	《祖训》	汪掬如:《古歙义成朱氏宗谱》卷首,清宣统三年存仁堂木活字本,安徽歙县	孝顺父母、友爱兄弟、和睦邻族、区别男女、保守坟墓、谨循礼节、辩证名分、专务本业、崇尚朴素、敬重师父、戒勿争讼、整理公堂/条文未详分项目规训
428	1911	《旧谱家训》	胡祥木:《上川明经胡氏宗谱》下卷之中,清宣统三年木活字本,安徽绩溪	积阴德、惇孝友、重婚姻、正嫡庶、严祭祀、端养蒙、尊师道、睦亲党、励名节、崇朴俭、黜异术/条文详分项目规训
429	1911	祖训附言	作者不详:《富溪程氏祖训家规封邱渊源合编》不分卷,清宣统三年五知堂抄本,安徽休宁	孝父母、友兄弟、谨夫妇、教子孙、睦宗族、和乡里、勤问学、重本业、崇礼教、推周恤/条文未详分项目规训
		申训条规	作者不详:《富溪程氏祖训家规封邱渊源合编》不分卷,清宣统三年五知堂抄本,安徽休宁	齐家、家长、正心立志、事父母、兄弟、兄长、会宴、妇女、选人、冠礼、婚礼、丧祭之礼、早完粮、恤寡孤独、坟墓/条文未详分项目规训
		训规条约	作者不详:《富溪程氏祖训家规封邱渊源合编》不分卷,清宣统三年五知堂抄本,安徽休宁	家长、妇人、立规、庶务、账本、家教、教子孙、惩子孙、谏言、童幼、娶妇、遵家训……/条文未详分项目规训

注:1. 附录一及附录二“年份”栏为家训族规的写成时间,若写成时间不可考,则采用族谱的出版时间。

2. 附录一及附录二“内容”栏仅摘录家训族规要点。

3. 附录一及附录二的收集得到了各方的大力支持,在此,一并感谢。

参考书目

[1]张海瀛,武新立,林万清主编:《中华族谱集成》,巴蜀书社1995年版。

[2]费成康主编:《中国的家法族规》,上海社会科学院出版社1998年版。

[3]上海图书馆编;陈建华,王鹤鸣主编:《中国家谱资料选编》,上海古籍出版社2013年版。

[4]皇甫有风主编;黄伯成执笔:《周口姓氏文化大观·上卷》,河南人民出版2014年版。

[5]张志清,徐蜀主编;北京图书馆编:《北京图书馆藏家谱丛刊·闽粤侨乡卷》,北京图书馆出版社2003年版。